別急著成立
反抗軍！

電腦帝國其實單純又可愛？
8堂資訊黑箱裡的科普課

紀乃文 ■ 著

這本書告訴你：萬丈高樓平地起，
電腦複雜的運算方法其實都是從最簡單的原理出發的，
一點也不可怕。

──前行政院長 張善政

[謝尚賢／國立臺灣大學土木工程學系教授兼系主任]

　　以畢業的時間來排序，紀乃文博士是我的「No. 15博士生」，用電腦的二進位來表達，就是「No. 1111」。在十進位的系統裡，15這個數字似乎並不怎麼特別，但在二進位裡，1111卻是一個已蓄勢待發而準備進位成10000的數字，就像十進位裡的9999，總是令人充滿期待。乃文就是一位表面看起來溫謙寡言，但事實上卻是有著許多才華而能令人有許多想像與期待的學生。因此，幾天前他告訴我他要出書了，希望我幫他寫推薦序，我很替他高興但並不覺得意外，因為，就算你不知道他過去曾獲小說寫作獎，只要你讀過他在臉書上抒寫的記事與感想，就會知道他是真的能寫。且他常寫的文字長度，以臉書的標準來說，應可算是短篇小說了（有時還每逢週年連載續篇），卻不會讓人讀後半途而癈，不管是故事的鋪陳、事物的描寫、或隱含的省思等，都自然地展現了他優良的文字運用能力與思維的深廣度，更重要的是吸引人繼續讀下去的功力。讓我較意外的倒是，他的第一本書竟是科普書，而不是武俠小說或是關於攝影或烹飪的書籍。

　　電腦科技在最近這三十多年來進展越來越快速，對人類社會的影響也越來越廣泛且深入，近年來由於機器學習（Machine Learning）技術幫助電腦打敗世界西洋棋及圍棋棋王，讓大家對人工智慧在未

來恐幫助機器人搶走人類的許多工作機會上充滿想像與未知的恐懼，世界上一些先進國家也開始要求從小學開始教授「寫程式（Programming）」，希望未來的公民都能有操控及客製化電腦運作的能力，不會受制於電腦，而毫無反制的能力。

　　誠如世上很多的事物一樣，電腦帝國也不是一開始就如今天般的裝備多元，通訊快又遠，計算速度猛，記憶容量威，也是從簡單的基礎逐漸累積複雜度而來的。甚至在還稱不上帝國的初期發展階段，許多人還不怎麼看得起電腦，覺得它頂多是擔任配角，壓根沒想到它的發展會是級數成長，在一些領域甚至已躍居主角地位。伴隨如此快速成長所帶來的結果就是，大部分的人越來越跟不上它的腳步，但為了讓大家都能在電腦帝國中安居樂業（即能輕易使用電腦科技），尤其是盡情消費，於是便有了一個個把複雜度與實作細節封裝起來的所謂的黑箱，讓人不需要懂得箇中原理卻能應用來獲得有品質的結果。然而，此一愚民政策的副作用就是，讓人類越來越因不理解電腦而產生莫名的憂慮、猜忌、與害怕，並不利人類與電腦帝國間之長期合作，更何況人類並不希望打造一個未來會控制甚至奴役人類的電腦帝國。因此，適度的讓黑箱透明化是一個合理的道路，更何況電腦帝國的本質其實很簡單，就像複雜的生物也是由

相對十分簡單的DNA所發展而成，只要能掌握其本質，就會發現電腦帝國單純可愛的一面，理解並體諒它的能與不能，甚至能在應用電腦資訊產品時，享受更多的樂趣。

　　這本書就是乃文展現說故事功力來帶領大家一探資訊黑箱的第一本書（我覺得出版社應不會就此放過他），相信能為許多讀者，尤其是年輕朋友們（非指生理年齡），帶來新的視野與閱讀樂趣，我自己讀了也很喜歡，更為自己的學生出書感到無比高興，在此特別寫此序文給予推薦，希望社會各界多予捧場及指導。謝謝！

謝尚賢 筆
2017.03.03

別急著成立反抗軍

[梁展嘉／作家、全職交易人，著有：
《一個全職交易人的投資告白》、《幹嘛羨慕新加坡》]

日前當我收到紀乃文先生寄來的初稿時，我就先答應下來要為他寫一篇推薦文。一番詳讀之後，我才想好了該怎麼為讀者們介紹本書。

話說2014年初，大寫出版社總編輯鄭俊平先生在我的處女作《一個全職交易人的投資告白》上市之前與我在出版社內部進行最後一次的內容討論，雖然我跟鄭先生一樣對作品質量很有信心，但是鄭先生的信心似乎比我還多一些，他已經在關心我的下一本書了！當時他至少花了半個小時描繪我從事專業寫作的宏大遠景，他認為以我的寫作水準，假使筆耕不輟，有朝一日要晉身為華文界的麥爾坎・葛拉威爾（Malcolm Gladwell）也非難事。葛拉威爾是商業及科學領域的國際知名作家，而我能得到鄭先生的如此鼓勵，當然會令我產生「有為者亦若是」的衝動。然而衝動畢竟是一瞬間而已，即使我的新書後來繳出了良好的成績單，一個人要全職交易再加上全職寫作，我怎麼想都很難兼顧。

就在煩惱此事的過程當中，2015年初，有一次我受邀回到母校臺大土木系與學弟妹分享自己的心路歷程，席間偶然認識了學弟紀

乃文，事後與他閒談之下才發現原來他是一位業餘小說家，而且作品曾經多次獲獎，只是陰錯陽差，不曾有人介紹出版作品之機會。我一下子就想到了愛才惜才的鄭俊平先生，或許鄭先生要找的華文界葛拉威爾正隱身於臺大土木系之內！於是我欣然做了一次牽線之人。很高興的是，在鄭先生和紀學弟的共同努力之下，到今天真的開花結果了。在2017年您如果只有讀一本科普書的時間，我會推薦這一本華文界葛拉威爾的誠意之作。在此祝大家閱讀愉快！

目錄

從使用黑箱到拆解黑箱

這世界上最可怕的「知道」就是「一知半解」

　　如果這是一本圍繞著「黑箱」的概念而產生的書，那就先問問為什麼我要談黑箱的故事？在這裡，似乎需要一個開宗明義的破題，各位朋友才會有興趣往下翻閱。

　　我們先來談談「黑箱」對諸位而言究竟是什麼？我想多數人都會想到一個令人咬牙切齒的詞彙叫作「黑箱作業」——黑箱常常是可惡的，因為它常常暗中剝奪人們的權益。雖然這並不是本書想要定義的黑箱，但是黑箱裡的「惡劣」成份的確是從「神秘」所衍生出來。而世界上的人們都有一種要將黑箱透明化的企圖，或者說在看到黑箱的時候會眼睛為之一亮地企圖了解。除了防弊以外，或許還基於好奇。

　　但是在我們討論「拆解黑箱的必要性」之前，也許更該先了解黑箱「存在的必要性」。至少在我們文明生活當中，存在著許許多多「討喜的黑箱」，在黑箱產生「會損害人們利益」的刻板印象之前，我們應該要追溯一下黑箱最原始的意義，翻譯成白話可以一言以蔽之，叫作「你不需要知道全部的細節」，套一句時下的流行話，就叫作「閃開！讓專業的來！」。試想，當你在辦理房屋過戶的時候，會不會想要求助代書？當你在申請海外留學的時候，是否曾經想要委託代

辦？那當然，因為人的一生不會經歷許多次的房屋過戶，或是留學申請，因此你一定會覺得這樣的體驗難以堪稱生活必要技能，更不會認為你有事必躬親的必要。在當代的文明社會，只要你有辦法購買到任何經過打包過的黑箱，你就可以在「不具備某種專業的前提下，卻享受到某個專業領域能夠達到的成果」。

而「黑箱」在資訊的世界裡頭尤其有意思——在程式設計的領域裡頭，「黑箱」有一個正式的詞彙叫作「封裝」，當我們希望別的程式設計師利用我們所設計的程式碼的時候，我們會把「不需要被知道的細節」給儘量隱匿起來，只留下幾個很明確的接口，如此一來你所設計的程式才容易「被使用」，而且更重要的是不會因為「被意外的使用」而被搞砸。舉個簡單的例子，大家可能都有到區公所辦事的不快經驗，你很有可能被窗口的辦事員板起臉來退件說「你缺了印章」、「你缺了戶籍謄本」，於是「請你回家補件再來重新排隊」。如果這個時候你認識坐在窗口後面的課長，你會怎麼做呢？你會不會想要攀個交情，請他幫你送件，來跳過這個一板一眼的窗口？但如果這位課長基於人情幫你「送件」了，卻沒有幫你「檢查」，而他的權限也不及於能允許你「在缺件的前提下依舊完成申請」，那麼你最後的下場還是遭到了退件。在這種情況下，我們可以說你「突破了區公所的黑箱」，但正因為你企圖「不當操作已精確設計的黑箱」，於是還是遭到了偷雞不著蝕把米的下場。此時你才會發現，那個看起來討厭至極，

給你臉色且一絲不苟的窗口辦事員，其實是黑箱的必要守門員，而正因為這個黑箱裡的運作太過複雜，所以更要確保你所準備的「輸入」沒有半點差池。但是只要你的「輸入」（也就是必要的申請文件）能夠符合他的檢查規則，你不需要知道整個申請流程及細節，這些文件通過了哪些人的檢查及蓋章，你就能夠輕易地得到「輸出」，也就是你的某項申請許可。

　　只是，「黑箱」的原意是一種「必要的神秘」，因為這世界上最可怕的「知道」就是「一知半解」，與其因為不充份的了解而造成不必要的疑慮，還不如選擇相信幾乎沒有意外性的輸入與輸出，這就是使用黑箱的基本概念。但是黑箱這種「必要的神秘」當然也就造就了文明的「恐慌」，恐慌的一部份當然就是人們最為熟知的弊端，比方說如果你知道了黑箱的內容物事實上極其簡單，你卻花了非常昂貴的代價來購買的話，你肯定會因此跳腳，也因此產生了對黑箱這種「必要神秘」的高度不信任。而在人們的文明生活與資訊科技密不可分的當代，「電腦」當然是最經典的「黑箱」代表了。你每天使用的搜尋引擎，每天上的購物網站，每天賴以抒發心情的社交平台，還有已經無法離身的智慧型手機…當人們觀察到世界棋王已經敗給人工智慧的時候，當人們發覺到搜尋引擎已經讓查字典比賽失去意義的時候，當人們發覺到電子商務或是交友平台好像已經比你肚子裡的蛔蟲更了解你，而總是能精準地推薦你感興趣的商品或是書籍甚至是往來對象的時候…你，會不會反而產生一種「養虎貽患」的恐懼呢？

　　在這個人工智慧爆炸而有「功高震主、反客為主、喧賓奪主」的

疑慮的當代，是時候要開始重新拆解黑箱了。筆者雖然一路就讀被認定是「傳統產業」的土木工程系，在念博士班的期間，卻因為一個機緣巧合，就讀於土木系下最特殊的一個組別「電腦輔助工程組」，因此耳濡目染地被特化成了「半個資訊人」。也許筆者並不是演算法或程式設計的高手，但卻還堪能用「最簡單通俗的語言」把我曾經體驗過的資訊黑箱分享給各位讀者。所以，我選定了八個與資訊黑箱相關的故事，它們的前後安排亦是經過循序漸進的設計的，在此容我先用比較枯燥且死板的方式介紹一下這些故事安排的緣由及背景，當成一種「導讀」，讓各位讀者理解「怎麼樣看這本書最好」。

本書的第一個故事：「為什麼臺大校長要研究特異功能？——那些電腦模擬給我的啟示」是一道份量不輕的開胃菜，「電腦模擬」是最能貼近人生且最能夠直接被我們觀察到結果，而且也最有趣的一種應用。或者說，就算我們不深入模擬的技術細節，我們也能透過模擬知道「電腦詮釋這個世界的方式與極限在哪裡」。如果不能夠先認為電腦是有趣的，那我想身為一位讀者要對以下的章節產生「好奇」恐怕就是不太容易達成的任務。

本書的第二個故事：「先別急著成立反抗軍，你知道打敗棋王的超級電腦還離天網很遠嗎？——淺談知識工程」輝映這本書的「書名」，其實這是一個充滿爭議的命題，且正反兩方的意見仍持續交戰

不休。筆者想要藉由「知識工程」的介紹，來讓讀者先放下忐忑不安的心（因為我認為會買下這本書的讀者某種程度上就是抱持了「對資訊時代的不安」而來的），才能在後續的章節盡情地欣賞資訊之美，這就像一個有經驗的醫生在病人來看報告時的第一句應該要先說：「放心，你沒有得癌症」，然後才開始解釋落落長的病理報告一般。

　　本書的第三個故事：「別再批評別人感情用事了，你知道情感是比智慧更高尚的東西嗎？」延續著第二個故事的立論，因為現代人害怕「人工智慧」害怕得要死，卻從來不知道光是這個動作就已經證明了我們超越我們所懼怕的東西。為什麼？因為「懼怕」是一種「情感」，你有聽過「人工智慧」，但是一定沒有聽過「人工情感」，為什麼？因為這世界上還沒有任何一個科學家有膽量宣稱他已經做出了這樣的東西。但是，當「人工情感」誕生的那一刻，人們或許才需要擔心自己遭到取代或是推翻，因為電腦還沒有開始「恨」你，即便你可能已經日以繼夜地用各種繁重的任務壓榨它。這個章節只是要告訴各位讀者，「情感」的複雜本質就連我們自己都還沒有辦法解釋，但如果你以「人工智慧」的立場及設計理念來檢視何謂情感的話，你就會知道「情感」遠遠海放了「智慧」一個非常驚人的差距，而我們卻只因為人們容易感情用事而貶低了我們最珍貴的東西。

　　本書的第四個故事：「《易經》是超文明的跡證？二進位不是給人看的」好像上場的稍微遲了一點點，因為「二進位」是最能夠用來解釋何謂「資訊黑箱」的符號工具。但是我必須先用前面幾個章節建立各位讀者的興趣，才不會一齣戲還沒演到賣膏藥進廣告的時分就發生

觀眾早已自動散場的窘境。二進位與電路設計很有可能會是一個相當枯燥及充斥理論的話題，因此筆者還得為它添加一些充滿爭議卻不無可能的浪漫狂想（異端邪說？）。如果這樣的狂想背後有可能導致我們的歷史課本要改寫、金字塔的建造有了可能的解釋，甚至月球有可能會是人造衛星的話，你願意花一點點時間和我一起來理解電路設計的有趣嗎？

本書的第五個故事：「只要學過高中數學就可以一窺搜尋引擎稱霸網路世界的奧秘？——淺談資訊檢索」可說是繼承著第四個故事的脈絡，在我們了解了「資訊黑箱」的存在及本質之後，便能接著解資訊黑箱常常比我們想像中的還要「簡單」，我們天天在用的搜尋引擎就是一個鮮明的例子，它的上頭可以掛載任何複雜到超出非專業人士理解範圍的演算法，可是「理論的本質」卻又可以簡單到高中生就有辦法聽懂，筆者認為它可以是一個最「親民」的範例。

本書的第六個故事：「你的Siri真的聽得懂你的話嗎？——自然語言處理的奧妙」緊緊接在第五個故事後頭，做一個「打鐵趁熱的乘勝追擊」，人手一隻的iPhone手機一定曾經讓你產生這樣的好奇：為什麼我可以對它說「人話」？ Siri是怎麼聽懂的？自然語言處理和上一個故事所談的資訊檢索是高度相關的學問，只是複雜度又深了一點點。如果你可以接受高中生就能聽懂的資訊檢索基本理論，咱們來做

一個深入一點的探討與嘗試。

第七個故事是：「自動分類：胖瘦，愛情，與人生」，它接在第五個和第六個故事後頭，因為「自動分類」是一種相當普及的「資料探勘」模式，但是這麼講卻又太不親民了，所以我們要用最簡單的「胖瘦、愛情與人生」來告訴你，資料探勘就在你我左右，讀完這個故事，你將會理解我們老在講的「機器學習」是怎麼一回事？為什麼交友軟體愈經常使用愈能準確推薦「我的菜」？

本書第八個、也是最後一個故事是：「大數據裡沒有新東西？──淺談資料探勘的新風貌」接續了上一個故事的基礎，在解釋了資料探勘與資訊檢索之後，我們才能來探討時下一直被產官學界吹捧的「大數據」到底是什麼樣的概念？說穿了，它只是用新穎的資訊處理技術去支援早就已經存在的資訊應用方式，但是卻能激盪出新的火花。而它也「輝映」著打頭陣的第一個故事，如果第一個故事是開胃菜的話，這個故事就算是道甜點了，裡頭只有新奇的比喻與情境，而不會有生硬的公式及理論，希望這能讓本書能夠有個可口的結尾。●

紀乃文

01

為什麼
臺大校長要研究特異功能？

——那些電腦模擬給我的啟示

有沒有任何的跡證告訴我們說，
這個世界的一切都是假的，
我們是否其實活在一個虛擬的世界而不自知？
這樣的概念其實老早就是一個普世的懷疑，
就像我們懷疑外星人的存在一般……。

要我把這個主題當成本書打頭陣的第一個故事，可真要「有點」……不對，是要有「非常大」的膽量。

2012年的夏天，我在熟悉的臺大校園取得了我的「第三個學位」，並且參加了我的「第二場畢業典禮」——等等，為什麼是兩場而不是三場呢？這就有個有趣的插曲了，我曾戲稱，在我三個求學階段當中，帶滿了最多回憶與開心的無疑是我的大學生活。可是，我很不巧地「悄悄地來，又悄悄地走」，因為我入學的那一年是西元1999年，那年秋天發生了「921大地震」，所以我的開學典禮取消了。而我畢業的那一年是2003年，發生了「非典型肺炎」（SARS）的肆虐，於是，我的畢業典禮也泡湯了——說得精確些，我們有「網路直播」的校方畢業典禮，但我悶得沒有心情參加。我只覺得人生當中最開心快樂的四年竟然這麼沒頭也沒尾的結束了。

那只是個題外話，但在我取得博士學位的這場畢業典禮是最讓我難忘的一場，除了全校博士班的畢業生都可以上台讓各學院的院長親自撥穗以外，最重要的就是「校長」，這一年我從李嗣涔校長的手中接過畢業證書並且合照，如果我再晚一年畢業恐怕就沒有了——因為李校長在我畢業的隔年自校長的職位卸任。對我來講，這是個別具意義的事，因為李校長以電機領域的專長研究氣功及特異功能（精確的來說，是所謂的「撓場」與「信息場」，李校長並且賦予了「特異功能」一個更學術性也更委婉的專有名詞叫作「人體潛能」）聞名，也因為這一點讓我敬佩不已。

若你要問我說，我「相信」人體潛能亦即特異功能嗎？我會說，我無法以我「學術界」的立場來回答這個問題，因為「相信」兩個字是主觀的。學術界的一切所謂相信必須嚴格地綁定在「科學證據」上頭，我們從國中時代的基礎科學訓練就告訴我們說：所謂的玄奇現象最多只能在科學的「假說」層次之上。但我一定會以我「個人的興趣與嗜好」告訴你，我從小愛看《玫瑰之夜》裡的《鬼話連篇》單元，國中的時代偷偷玩過錢仙、碟仙、守護神，高中大學時特別愛親近（為了訪問與套話）具有「陰陽眼」的同學，並且成為 PTT Marvel 版上長期潛水的重度鄉民，和如今《關鍵時刻》談話性節目的忠實粉絲…我極渴望知道有沒有外星人，地球有沒有曾經毀滅的超文明，這世界上有沒有鬼，人有沒有輪迴及來世…亦即，雖然在主流科學界（或是戲謔地說可以稱作「科學教」）的制約之下，我失去了脫口而出「我相信」的權利，我還是有權利期待「還」沒有科學證據的東西，並且真心去追求它的真相，那麼當有一天我捕捉到鳳毛麟角的跡證時，才能夠大方地說我相信它。我一定要很用力很用力地強調這個「還沒有」的「還」字，因為我見到太多太多的「科學教的忠實教徒」直接把「還」字省略（或精確的說是把「尚未」篡改成「沒有」），但是人類在具有能夠觀測紅外線的科學儀器之前也活在可見光的束縛與壁壘當中啊。

　　李校長曾經發明了一個有趣的名詞，相對於「迷信」，不由分說地否定尚未找到科學證據的行徑則更該稱作「迷不信」。而有趣的是從歷史的長河當中我們曾經看到宗教迫害了科學的發展，但是「獵巫行動」的歷史迄今還在上演，只是獵殺者竟變成了曾經受到迫害的科

學教徒，雖然科學教徒的風骨好像比起宗教家要「理性」一些，他們並不會把所謂異端綁起來火刑，但是這種立場互異會讓人不禁聯想到政黨輪替與清算前朝。事實上李校長在擔任臺大校長的整整八年期間也因為「社會觀感」的理由而暫停過自己最熱衷的人體潛能研究。我常常會這麼試想著：人生沒有很多個八年，如果你要我為了某種「奉獻」的過程要我整整八年放棄自己最渴望追求的事物（以我為例的話可能是：規定我八年不准從事小說創作）的話，那是非常難以做到的，也許只有為了養育自己年幼小孩或是照顧自己年邁父母的狀況下才能夠作出如此的犧牲。因為給我八年我可能可以做出很多成果。而如果你是用某種「利益」買斷我八年的夢想，那我還是會非常審慎地考慮我要不要這樣做，除非我精確評估我能得到的這個「利益」能夠在八年之後令我飛快地補回八年間所失去的可能性與進度。那就像許多的工程師會咬著牙進當紅的大企業賣肝，每天工作超過十六小時換取極高的報酬，因為他也許精算出在產業躬逢其盛的時機點，這樣日以繼夜地拼個五年可能可以一次賺到二三十年的平凡薪水。而這心態又像當過兵的男人絕對討厭站夜哨卻又非站不可，但我們都會安慰自己說我們不會一輩子都在站哨，才能夠撐得過這些惱人的辛苦一樣。

然而，我們今天要試著討論「臺大校長『為什麼』要研究特異功能」，而不是「特異功能這件事到底是不是真實的」。因為我們大概普遍會認定「科學是靈異的剋星」，為什麼我這裡又換了一個用詞說「靈異」？為了有別於一個比較正統的詞彙「超自然現象」，靈異普遍講的是神棍訛詐、騙財騙色之類的情事。事實上超自然現象所遭到的非議，以及被視為洪水猛獸的原因都肇因於「神棍」兩字而已。正因

為欠缺科學證據的東西太容易「裝神弄鬼」、「趁虛而入」，所以神棍普遍地存在宗教、傳統武術、中醫及命理等「帶有未知特性的領域」，而更糟糕的是神棍卻敗壞了未知領域研究者的形象。但是不管在國內還是國外，「以極高的學歷背景或是名望去追求超自然現象之事實」的例子所在多有，在國內，除了李校長以研究人體潛能聞名以外，成功大學航太系的楊憲東教授也以「合理的科學模型」試圖解釋人們常常討論的靈異照片與託夢現象[1]；而若我們把《易經》看作命理的一環，國內有名的《易經》研究學者除了臺大哲學系的傅佩榮教授以外[2]，還有一位劉君祖老師[3]亦是臺大土木系的校友。

岔個有趣的題：我記得我所隸屬的研究團隊曾經使用劉君祖老師編纂的《牛頓工程辭典》作為研究資源，來進行跨語言資訊檢索的研究（「資訊檢索」這個主題將是本書的重要章節之一！之後可詳見「只要學過高中數學就可以一窺搜尋引擎稱霸網路世界的奧祕？──淺談資訊檢索」一節），但是後來我自學《易經》的時候，曾經以為講授易經的劉君祖老師和編纂工程辭典的劉君祖總編（時為牛頓出版社總編輯）只是同名同姓的兩個人，後來我才知道原來是劉老師「多才多藝」。而嚴格說來，《易經》分為「義理」及「相數」兩部份，「義理」是可以當作人生指導原則的。可是我上述提及的兩位學者皆是義理相數皆有鑽研，他們並不只選擇性地接受《易經》裡作為義理的部份。又如孔老夫子曾為《易經》註解《十翼》，但是「子不語怪力亂神」卻又是一個眾所週知的紀錄。足見連孔老夫子也肯定《易經》的價值不屬於「怪力亂神」的範疇。而國際上知名的超自然研究當中，吉姆・塔克（Jim B. Tucker）教授則蒐羅了美國各地的「輪迴」案例，找出能夠陳述前世記憶的幼童們作個案研究[4]。但是塔克博士的研究卻完全

地嚴謹並且科學，因為他從來沒有正面地定論輪迴與前世是否存在，而只做到了「找出符合這些孩子所陳述的前世身份，並且用科學方法印證這些案例陳述沒有經過變造、說謊或是暗示」，這大概是我見過最保守但也最精彩的超自然研究了。為什麼我這麼說呢？因為從事超自然研究的學者很容易就會賠上他的學術聲譽，而換來罵名與挑戰。

可是，我早在我的大學時代就觀察到一個非常奇特的現象，尤其我在念研究所的時候，和原本只能從講台下觀望的教授們有了更多的對話與接觸之後，我發現了一件驚人的事實：有相當比例的理工學院教授們擁有非常堅定的「信仰」，這種信仰並不限定於宗教，而還延伸到風水、命理、修行這些議題上頭。我可以說是出生在「子不語怪力亂神的科學書香世家」（因為我的父母親都是中學化學科老師），從小我想要接觸《玫瑰之夜：鬼話連篇》這類電視節目的資訊還得偷偷來哩，不然鐵定被我爸爸叫去「拉正」（所以我很小的時候就明白明朝的大才金金聖嘆曾說「雪夜閉門讀禁書，不亦快哉」是什麼樣的心情），所以我從小就在心底認定愈貼近科學的頭腦應該會愈偏離超自然現象，或者說愈不「迷信」。可是，我在研究所所接觸的教授們，全部都是國外名校畢業的工學院博士呀！他們對於信仰的堅定程度卻遠遠超乎了我的想像。這到底是怎麼一回事呢？但很意外的，後來就讀博士班的時候，我卻找到了一個可能的答案，為了解釋這些因緣，我必須先來談談「電腦模擬」。

很多人大抵上都聽過電腦模擬這樣的專有名詞，但是更多人對它的認知可能是來自電玩遊戲——事實上所有的電玩遊戲都可以算作是

電腦模擬，因為你可以操作一個主角，在一個虛擬的世界裡體驗完全不一樣的人生。這好像就是模擬的基本精神，但是更多人不知道科學家與工程師的「胃口」才沒有這麼小，他們的電腦模擬講得冒犯一點，是想要透過扮演上帝的角色來理解世界的全貌。如果不要講到這麼高層次的東西，電腦模擬也已經有了非常多的實用案例。

假設利率一直在變，
未來的一百萬值現在的多少錢？

蒙地卡羅模擬與財務工程

我們先來看一種經典又好理解的電腦模擬：蒙地卡羅模擬。相信大家一定都有在高中數學接觸過簡單的「期望值」，什麼是期望值呢？比方說我們投擲一枚公正的硬幣，出現人頭的時候可以得到獎金五元，出現數字的時候則要賠上五元，那麼我們會說：投一次硬幣的期望值是零元，因為硬幣正反兩面的機率各自是1/2：

$$\frac{1}{2} \times 5 + \frac{1}{2} \times (-5) = 0$$

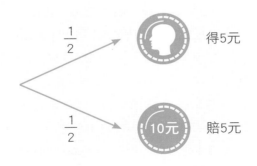

大家一定覺得這個例子超級討厭，看都看膩了，而且還勾起高中數學課本帶來的不痛快回憶。好呀，那它在真實世界當中可能是什麼情境呢？我們來講錢好了，大家想必眼睛一亮～大家普遍知道股票，及股票非常簡單的遊戲規則——買低賣高就是了（最難理解的規則頂多就到「融券」、「放空」吧）。但是有另一種叫作債券的投資工具。

它和股票有一些差別，我先問你：你「能」，或是你「敢」預測明天的股價嗎？某種程度上大家都在做而且也想要做到這件事，但是影響股價的因素實在太多了，尤其是國際情勢上的緊張，不利於公司的傳聞…等等，這些「突發的事件」對股價的衝擊，不但在時間點上無法預測，在衝擊幅度上也無法預測。所以我們從來就說股票是一種高風險高報酬的投資工具。相較之下，「債券」的遊戲本質雖然複雜一點，遊戲規則卻單純非常多，它有約定好的「期末還本」及「票面利率」。比方說我想要向你借100萬元，約好年息5%，10年後還本，可是，我現在要取得的借款金額，卻不是當下的100萬元，而是一個我們稱作「債券價格」的金額。這非常悖於我們「借錢」的常理，對吧？通常，我們開口向人借錢，都是說「我現在要100萬元的現金，然後每年計息5%給你，最後再把100萬元本金『原封不動』地還你」。在這種情況下，債主的獲利非常容易可以計算，但是背後就不存在「刺激的賭局了」。

　　我們先來解釋什麼叫作「十年後的100萬元」：金錢是有「時間價值」的，這也是為什麼我們把錢扔在銀行理應得到利息。（雖然現在的所謂「負利率時代」，保管費卻快蓋過利息了！）我舉一個最極端的例子，如果我說，我給你100萬元好不好？你一定會大喜過望的伸出手來。但是如果我下一句話說：不過，我100萬年以後才要支付你，你一定會接著白我一眼說：「去你的！竟敢耍我！」而如果你問我說，100萬年後的100萬元，你願意付多少現金「預約」？我一定會說「一毛錢都不付」，因為以人類的壽命極限而言，我就算付了一塊錢訂金也是丟進水裡，講難聽點，100萬年以後我的子孫還存不存

在地球上都有問題。這個「空歡喜」的遊戲只是要強調時間價值的重要性，愈早拿到的「錢」一定「愈值錢」。可是，我們把這100萬年縮短為10年呢？如果我說：「你現在給我50萬元，10年後我就還你100萬元」，我相信很多人會考慮這樣的投資。這就表示了：「10年後的100萬元，價值可能高於現在的50萬元」。（我必須強調「高於」的原因是，在恰好「等於」的狀態下，這樣的賭局是沒有誘因的，我還因此長達10年被憑白無故地凍結了50萬元）

回到債券上頭，既然我們提到了金錢的時間價值，我們要建立一個很簡要的概念來省略債券遊戲規則背後的惱人數學運算。我們大抵上對金融的常識都可以理解複利公式，那我們就知道：只要我明確地知道「折現率」，我就可以把未來的錢折算成現在的對等價值。

如果我說，債券是一種「每年付息5%，未來還本100萬元」的投資工具，這些錢一定可以折算成一個現在的具體價值，我們為了方便假設它是「現在的92萬元」好了。那麼如果現在這張債券要賣你98萬元，你會作何感想呢？會覺得「買貴了」嗎？噢，那你就忽略了「利率變動」的不確定性有多驚人了，我們得把「情境」反過來看才容易理解：

我們先假設我們不要買債券，如果「現在的市場利率」剛好是5%，那我們拿92萬元去銀行定存，十年後我們大約可以拿回150萬元。那麼，假設未來的十年市場利率都不要變動的話，「我們拿92萬元去銀行定存，10年後我們可以拿回本利和150萬元」這件事和「我

們拿92萬元去買債券，10年後我們可以回收本利和150萬元」（雖然債券的票面金額只有100萬元，但別忘了它還有每年生利息！）是完全相等的。可是定存的付息方式可以選擇機動利率而隨著市場利率變動，相較之下，債券約好的票面利率則是「講死的」，於是你就發現你在和借你錢的人對賭了：

1. 降息的未來：如果將來十年的市場利率往下跌落而低於5%（比方說跌到2%好了），買債券就會變成相對划算的選擇。因為不管市場利率怎麼低迷，你的債主都得以5%付息給你。在本金相同的條件下，賺5%當然比賺2%要划算。

2. 升息的未來：相反過來，如果將來十年的市場利率往上提升而高於5%（比方說漲到7%好了），買債券就會變成劣於定存的選擇，因為不管市場利率怎麼高漲，你的債主都只需要用5%付息給你。在本金相同的條件下，只賺5%當然比賺7%吃虧。

但是，發行債券的人和買債券的人都不是笨蛋啊，縱使這是一個雙方都有機會贏錢的賭盤，如果太過不利於投資的一方，有誰要上當？比方說，如果威力彩彩券的價格一張提高到10000元的話，你要買嗎？如果是我的話，我會說「我願意有條件地買」：若你能保證我中頭獎機率提升為1/2我就買（我很貪心吧？在這種情況下，我還要一口氣買四張呢。如果我倒楣到連買四張也打不中1/2的中獎機率，那我就甘心作冤大頭了）。同時，債券的價格是由債券的發行者來決定，如果發行人賣貴了會導致舉債失敗，亦即借不到錢，但是賣便宜了會導致他自己還沒借到錢就先虧大錢！我們看回剛剛這個例子，就

算大家心知肚明這張債券「在眼前的局勢下」應該只值92萬元，當發行債券的人開價98萬元的時候，有人必定甩頭就走，也或許會有人欣然接受。但是我們剛剛的這些「概算」的精確度還是不夠，因為利率的漲跌擾動可以上上下下，所謂的「未來十年」，並不是一句「升息」或是「降息」這麼簡單而已。更何況，就算未來是降息，我怎麼知道降息的「效應」可以多誇張？我們已經看到98萬明顯是比92萬「貴上一截」的數字，願意在這個前提下接受這個數字的人，恐怕是對未來的利率「極度悲觀」。而在這個前提下，債券的價格仍然是要決定得「剛剛好」，讓雙方都能覺得「這是一個公平的賭局」才行。那它要怎麼做到呢？這門學問就叫作「財務工程」：

我們假設利率的升與降就像銅板一樣，只有「升」與「降」兩種可能，你覺得如何呢？好啦，我知道一定有讀者立刻要吐槽我說：還有「平盤」這種情形，亦即「不升不降」呀！我只是在世界上找不到一個「有三種情形的骰子」來說明這個故事，只好請讀者們先屈就一下我這個「簡化假設」。

但事實上頑皮地岔個題，「有三種情形的骰子」某種程度上是存在的喔！就在我們的宮廟裡，聽說在某些很偶爾的狀況下，擲筊的時候筊會立起來，此時既非聖筊也非笑筊，而稱作「立筊」，擲出立筊的意義尚不明確，但通常會被當成像是「發爐」一樣的神蹟。一樣，我們說拋硬幣也是有可能發生立筊的，只是那個機率實在低到不行，你想要徒手故意立起一個硬幣的難度都很高，但我必須告訴你說那在力學理論上是有可能做到的。總之，就算你真的能透過巧手豎起一個

　　硬幣（應該比端午節立蛋要再難上十倍），我們也不該把它和正面反面當成「對等的第三種狀態」來討論，所以為了將這個示範做成一個「沒有電腦在手邊也可以拿硬幣玩玩看」的模型（下詳），我們就先勉強接受利率非升即降好了。只是，利率升與降的機率未必像銅板那麼漂亮，都是1/2。

　　而如果銅板擲出正反面的「隨機過程」就代表利率高高低低的走勢，我是不是可以去算出一個「拿92萬元去存定存的人在10年後可以領回本利和的『期望值』」，而這期望值和債券本利和的差價，就是我買債券的期望獲利？

　　好呀，這個想法很好，但是記住我們最初的示範例題當中硬幣只丟一次喔，我們現在既然有「十年」的計息期間，就等於是硬幣丟了10次，那表示我們的「所有可能利率走勢」有2的10次方也就是1024種喔。叫一個「人」去窮舉一千多種可能情形，再把相同的結果合併來算對應機率，並且計算期望值，這已經有點超現實了，我相信你已經算到要摔筆翻桌了。但是電腦還算可以輕易做到。這就是我們要講的「蒙地卡羅模擬」。

　　但是呢，在我們真的讓電腦做這件事情之前，我們先把它簡化成讓各位讀者只要有一個硬幣在手就可以「跟著玩玩看」的範例，因此筆者在這裡製造出一個例題：

1.　假設期初的利率是2.00%，
2.　每過一年利率會調整一次，非升即降，利率升降的機率就如銅板的正反面一樣，各自為1/2
3.　而且升與降的調幅一率都是一碼（0.25%）
4.　我們不要好高騖遠，就列出「五年（我們假設一期為一年比較好理解）之後」可能的利率走勢就好，

　　我們把它表達成一棵「利率樹」如下頁圖：

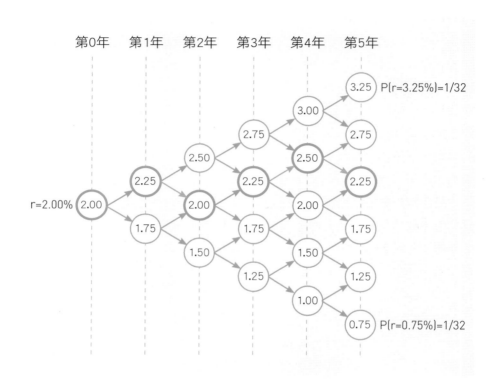

　　現在請各位讀者拿起一顆跳棋放在起點（好吧，規則和跳棋是不一樣的，但是這棵和這棵利率樹長得最像的恐怕是跳棋棋盤），然後丟五次硬幣，就像玩桌遊一樣，每次投擲硬幣的過程如果出現了人頭，代表「下一年度是升息」，就請各位把棋子往右上方移，而如果出現了數字，就往右下方移，代表「下一年度是降息」，如此操作五次以後，各位的跳棋一定已經抵達了最右邊的六個端點其中之一。筆者加粗的那條路徑，就有可能是我「某一次」投擲了五回硬幣所得

到的結果，它代表一條「利率路徑」。

然後我們簡單地來操作一下數學：聰明如各位讀者應該可以發現，抵達最右邊的六個端點的「機率」是不一樣的，我們先看「最高」（3.25）與「最低」（0.75）的兩個點，各位大概都可以輕易地算出你只會有1/32的機率到達這兩個端點。而至於中間的那些點位呢？愈中間的點位在機率上是愈好抵達的，可是它的「對應機率」也是愈難計算的，因為有太多種路徑可能會通往這些位在中間的點。（相較之下，最高和最低的那兩個「極端點」，一定只有「唯一的一條途徑」可以抵達，就是沿途不斷往下或是沿途不斷往上，只要我們在途中錯過了任何一個往上或是往下的機會，就絕對無法抵達最極端的那兩個點位。但是我們可以確定兩件事：

1. 如果我們算出了右邊那六個端點的對應機率，然後我們又知道了那六個點所對應的利率，那我們就可以計算「五年後的利率」的「期望值」（利率樹在財務工程上的實際應用方式當然更加複雜，此處為了讓讀者易於了解而簡化問題為：「我們期待末來的利率停在什麼水準」。）

2. 抵達這六個端點的機率會呈現一個「鐘型分佈」，愈中間的點愈容易抵達，那表示在真實的世界當中，「人們很難擁有極端的幸運或是倒楣」，亦即最後停在那兩個極端的點位上頭。但是因為這個世界有那麼多的人口，所以位在極端點位上頭的「個案」仍然是可以觀察到的。

但話說回來，基於科普寫作「多一條公式，少十個讀者」的定理（據說這是大物理學家史蒂芬・霍金要出版他的鉅著《時間簡史》之前，出版社給他的警告），我們不再往下討論「這個期望值」要怎麼算出來的細節，亦即中間的那些點位的對應機率的精確值是多少（老實講，連筆者都很容易算錯！我記得高中數學裡的排列組合一直是筆者的罩門，而這罩門當然會延伸到機率）。相反的，筆者要開始解釋，電腦怎麼用單調的動作來取代這個複雜的數學問題。如果各位讀者剛剛已經玩過了一次「利率跳棋」的話，筆者想問問你花了多少時間丟完五次硬幣？如果我主張電腦可以輕易的做到這件事而且做得比你快非常多，你不會反對吧？這就是一個「模擬」的基本動作。而只要電腦模擬的次數夠多，我們相信它會把所有可能的路徑都考慮到（各位讀者試著想想：在我們那個簡單的例子當中，未來五年市場利率的變化有32條可能路徑，如果我們模擬1000次的話對目前的電腦來說是輕而易舉的，而1000次可是遠遠高於32這個數字，我們可以倒過來想：32條可能路徑當中，某一條利率路徑『完全沒被走到』的機率有多低？如果所有可能路徑都被走到了，我們是不是可以視同「所有可能性都被考慮到了」？更重要的是，只要模擬次數夠多，每條路徑被走到的「機率分佈」也會符合你丟硬幣的結果），也就是，它的平均結果會逼近我們所謂的期望值。

　　不信？來，我們跳出這棵利率樹，把最初的「單次丟硬幣期望值小實驗」也用模擬再做一次看看，但是我們把規則改複雜一點點就好：我們改丟骰子，丟出六點時給60元，不是六點時賠12元，所以

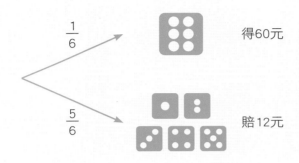

$$\frac{1}{6} \times 60 + \frac{5}{6} \times (-12) = 0$$

丟一次骰子的期望值仍是0元（亦即，這是一場公平的賭局）。

　　那麼它的期望值是這樣算的：

　　如果我們不要用期望值來做，我們使用蒙地卡羅模擬幫我們擲6萬次骰子呢？我們已經提到電腦模擬隨機過程也是「公平」的，換句話說，這6萬次「電腦模擬的丟骰子」我們大概可以期待其中有接近1萬次得到6點，而其中有接近5萬次得到6點以外的點數。好啦，我們不要讓數字這麼「漂亮」，我假設結果就是9998次得到6點，50002次得到非6點，這樣如何？（具有程式基礎的讀者應該可以很輕易地寫出一個拋擲骰子的模擬程式，可以實驗看看。筆者第一次接觸到蒙地卡羅模擬即是利用EXCEL配合VBA巨集做到的）所以，電腦模擬出來的「賭客所賺到的錢」要怎麼表示呢？

$$\frac{9998}{60000} \times 60 + \frac{50002}{60000} \times (-12) \cong 0$$

　　結果是不是仍和期望值相符呀？亦即我們可以把它當成一種計算期望值的替代方案，在必須繁瑣的列舉可能結果並且計算相對應的機率的時候，它提供了很有效的解決方式。上面這個例子已經有點太學術了，但是抽離出「模擬」的本質來看它卻是簡單無比：只要世間任何可以「假設」為隨機過程的現象，我們都可以用電腦去「模擬」（就算不存在所謂的隨機過程，也可以是模擬，蒙地卡羅方法只是其中很經典的一種），並且觀察到所有可能發生的情形！我們再舉兩個超簡單也比債券再更有趣的例子（好吧，這個「有趣」或許主觀一點，我相信有人會認為債券的例子比較有趣，因為它談到怎麼賺錢）。

從逃生疏散到電影特效，
也都可以用模擬解決！

　　首先，到筆者開始提筆寫這本書時還吵得沸沸揚揚的台北大巨蛋體育場公案[5]，如果各位還有印象的話，台北市政府和遠雄建設僵持不下的一點就是對於「逃生疏散模擬結果」的不同見解。由於這是一個敏感議題，而且群眾所能取得的資訊有限，筆者並不打算討論這場爭論裡頭的是非對錯，而只打算把「逃生疏散」當成一個鮮明的電腦模擬案例，來討論它是怎麼做到的。

　　什麼？逃生疏散也可以模擬嗎？不僅如此，筆者甚至認為逃生疏散「只適合」用電腦模擬，卻不適宜實際演練。為什麼？試想看看，你可不可能等到大巨蛋蓋好之後，才勞師動眾地找來四萬個「臨時演員」代表觀眾，然後每人發兩百塊車馬費，登高一呼說：「等一下我哨子一吹，請各位假設大巨蛋發生火災，開始逃命！目標是在四分鐘內脫逃成功。」如果真的有人這麼做了，有兩個問題可能會立刻浮現出來：第一個問題是，如果有「臨時演員」在演習過程中被踩死（真的疏散時是有可能會發生這種情形的喔！），舉辦演習的相關單位賠得起嗎？人家只是來參加一場疏散演習而已呢！（或者反過來站在臨演的立場來說，如果我知道參加這個演習有可能導致我被踩死的話，你大概要付給我高於臨演車馬費行情很多倍的價格，我才願意參加，這概念就叫「風險補償」。那麼，如果每個臨演都要求遠高於巨星行情的車馬費，這個演習說不定一次就能把建設公司搞破產）第二個問題是：假設演習真的順利舉辦，但是疏散完成了以後「實驗結果」才證明了「建築設計」是錯誤的，意即大巨蛋的空間配置無法讓所有觀

眾在指定時間內完成疏散，那麼「頭不只已經洗一半，而該稱作已經洗好的」大巨蛋要怎麼辦？不斷打掉修改重建直到演習成功為止嗎？各位讀者應該可以從這個例子中理解到一個事實：合理的逃生情境要在建築設計階段就能預測並且達到規範要求，不能等到「木已成舟」才「且戰且走」地敲敲打打修修改改。而這是有可能的，比方說各位的理解力一定都能想到一件事：建築物的走廊不能設計太狹窄，以及出入口不能做太小，因為它們就是所謂的「瓶頸」。

可是走廊做得太寬又浪費了空間，因為「通道」這樣的空間概念暗示了它在平常的時刻是保持淨空「以備不時之需」的，人家不是說了天龍國寸土寸金，別忘了大巨蛋的設計目標是要容納四萬席觀眾的。那麼走廊或者是出入口是不是已經「最佳化」而達到了「符合消防規範又不至於浪費空間」的要求，這件事情就是模擬可以幫我們做到的了。但在真實的世界裡，如果你企圖「一人分飾多角」來完成逃生演練是不可能的事，除非你是宋七力而能使出分身大法。好，那我們退一步想：那我們做一個大巨蛋的縮小模型，我試著左右手各拿一個小人偶來作沙盤推演好了？這樣一個人至少能分飾兩角。但那還是超現實，這簡直如同金庸武俠小說裡「老頑童周伯通」的左右互搏之術，一個人的心思有限，怎麼能同時操作兩個角色。可是電腦卻可以，而且這就是它的專長，所以我可以命令電腦準備很多假人，並且在電腦裡虛擬出大巨蛋的空間配置，讓這些假人先坐在觀眾席上。然後，我再為這些假人設計一些規則，像是：聽到疏散口令時，尋找最近的逃生口脫逃。但是我更要替它們設計「碰撞時的規則」，比方說看到某個逃生出口已經「塞車」的時候，自動尋找第二個合理且可能

的逃生出口…之類。則電腦真的能夠一次控制四萬個假人，把模擬的成果秀給你看，來驗證你的空間設計有沒有符合消防規範。

所以筆者也可以「猜測」台北市政府和遠雄建設在大巨蛋的逃生疏模擬上頭究竟在爭執什麼，簡而言之就是「假人的逃生規則」是否反應了真實世界的情境。（據聞遠雄所使用的逃生模擬軟體稱作EXODUS，而台北市政府所採用的模擬軟體則是 Sim Tread [6]。）有可能是遠雄建設的模擬情境所使用的假人太聰明了，也有可能是台北市政府的模擬情境所使用的假人太不懂得變通了。當然也有可能兩個都不是，而是對於逃生規則的各種假設條件見解不同。（也許兩造的假設都「有道理」，但是卻得出全然迥異的模擬結果。這樣的故事在學術界實在不勝枚舉。）比方說，台北市政府所公佈的大巨蛋逃生模擬影片 [7] 當中，最引起群眾譁然，也就是「明明不具備電腦專業的人也感到有問題」的假設，就是群眾在疏散過程當中竟然還會遵守「不踩草皮」這樣的規範。可是市政府的回應也不無道理，他們認為那些在模擬畫面當中的草皮綠地還沒有看見完工時的風貌，比方說我們普遍可以看見某些公共綠地會設有障礙來防止沒公德心的人，如果綠地實際上是有通過障礙的話，在疏散之際會不會被當成通道，也就的確見人見智了。

但是我們先不要討論究竟誰對誰錯，而只來檢視這些「可能情境」對應了什麼現象呢？比方說我們來討論「假人太聰明」這件事好了。我剛剛提到，電腦可以輕易地讓每個逃生中的假人都即時修正自

己的逃生路徑，並且和周遭的人互相配合協調，也許就如同時下正夯的「自動駕駛」技術！有一個有趣的說法是，如果馬路上的車「全部」使用自動駕駛，而能作到即時並且全面的互相溝通的話，十字路口將可以不需要紅綠燈。但可惜我們必須考慮到馬路上永遠有行人，只要必須配合行人的可能行為，就必須降低自動駕駛的智商來確保人命安全。雖然我們都知道在逃生當中的人們有可能會比平時慌亂，但如果我們把模擬用的假人設計得非常理智且冷靜，這並不能夠算是一個不合理的假設。

又比方說，我們為什麼要做防空演習，或是消防演習（我們現在雖然此處我們正在談的是「大巨蛋」——它的建築形式和滿載人數使得這個問題變得很複雜，可是如果只是你的住家大廈的話，請所有住戶來做消防演習也許並不過份）？因為我們希望能訓練人們處變不驚，在恐慌的時候依舊記得排隊。這是有可能做到的。記得美國的911恐怖攻擊事件嗎？據聞當時雙子星大樓從逃生梯疏散，在場的人們雖然受到了極大的驚嚇，卻仍是井然有序地從逃生梯脫逃，因此後來大樓倒塌的時候，傷亡的數字才沒有因此擴大。可是如果我們要說這個假設不符合現況的話也是站得住腳的，真實世界當中的逃生情境，尤其像大巨蛋的環境這樣複雜的，我們都會看到所謂的「時窮節乃現」在緊急避難的時候，想要第一個擠到出口的爭先恐後並不能夠被完全的非議。（因此台北市政府所公佈的模擬結果展現群眾在避難時不把綠地當成通道，變成一個爭議點）所以模擬的結果究竟可不可靠？從這個例子我們知道它可以當成一個重要參考，但是對於真實世界的百分之百模擬與逼近卻是不存在的。

　　跳開這個有一點點沉重的例子，電腦模擬在娛樂產業卻也有非常大的貢獻，比方說根據托爾金的奇幻鉅著《魔戒》所改編的電影裡頭，壯闊的攻城戰役是怎麼拍出來的？當然不是請千百個臨演來分別扮演精靈族與半獸人大軍互相衝撞廝殺。要用模擬來重現這個情境並不困難，比方說，我可以在電腦當中分別設計出精靈族與半獸人士兵的假人，然後讓千千百百個假人在戰場上頭衝鋒，當雙方遭遇的時候，也以隨機的方式（就像我們剛剛提到的蒙地卡羅模擬，讓電腦丟銅板來決定「隨機」的結果）決定他們的武器應該以什麼樣的方式交鋒，以及誰應該倒地…如此一來結果就能夠很自然地呈現了

　　更重要且更有趣的是，在這樣的模擬方式之下，每一次的會師交鋒都會出現不一樣的結果（就如同在之前的蒙地卡羅模擬例子裡頭，單次的模擬會表現出其中一條可能的利率路徑一樣）。可是各位讀者不妨也想看看：如果不用電腦來做這件事，會有什麼可能的困擾？好，我們假設有500個精靈戰士和500個半獸人戰士交鋒好了，我們不僅要準備1000套道具服，並且負擔昂貴的半獸人化裝成本，如果要讓這場戲打得「自然」的話，我們恐怕得各自交待那500個半獸人臨演和500個精靈戰士臨演，誰要對上誰，以及交鋒時誰該打贏誰該打輸。換言之，這是一個500人對500人「打群架」的套招，只要有其中兩個人沒講好，要不就是打得不好看，不自然而NG，要不就是可能有人會掛彩，那有點像國片《艋舺》裡頭，有一場廟口和後壁厝在華西街上演大拖鋤（打群架）的場景，我常會好奇有沒有臨演因為「相打沒默契」而「假打變真打」的。

沒有辦法被模擬解開的黑箱，
才會讓我們重新思考世界的真相與全貌！

　　講到這裡，這個章節的標題既以「臺大校長為什麼要研究特異功能」為題，卻一直沒有提到李校長的論述，好像都有點「不實廣告」了，所以我們來談談李校長的研究與「電腦模擬」會發生什麼樣的相關性吧。

　　筆者在之前的例子已經提到了，電腦的模擬世界可說是無限寬廣，模式亦有千千百百種，其中一種知名的電腦模擬方式叫作「物理引擎」。物理引擎是什麼呢？比方說各位讀者在國高中時代一定有學過討人厭的「運動學」，包括自由落體或是水平拋射，別說是各位了，連筆者這個工學院出身的都會直言不諱地說，那個回憶簡直討厭死了，即便那明明是我吃飯傢伙的基本功還是一樣，那是最苦的一口甘蔗（不管武功多高強的大俠大師，蹲馬步都是一個令人咬牙切齒卻又不得不做的人生功課）。但是在一個電玩遊戲當中，你也許有機會看到這樣的情景：攻城用的投石機漂亮地把巨大的石塊砸向旌旗蔽空的城牆。你有沒有曾經好奇過為什麼那塊飛出去的石頭在畫面上顯得如此自然，在虛擬的天空當中畫出了一條完美的拋物線？是的，這就是模擬，因為遊戲的設計者採用了「物理引擎」，所謂的物理引擎裡頭打包了你最討厭的牛頓力學三大定律及重力加速度等「與運動學有關的公式」，因此它按照著這個「遊戲規則」模擬出了投石機所投出的這塊石頭「應該要表現的路徑」。

　　然而有趣的問題也就旋踵而至了：如果你「自以為」你的物理引

擎已經設計完美，亦即考慮到了真實世界應該要考慮到的重要因素之後，這條拋物線應該要和真實世界會發生的情形長得完全一樣才對。如果兩者的結果是不重合的，那表示你的「模擬」是失真的。失真有很多種可能，比方說有一種是「不嚴重影響模擬結果（亦即可忽略）的故意失真」，或者我們說是「可以接受的簡化」更恰當。比方說我們那些簡單的運動學公式其實都是假設物理在真空中運動的。如果在真實世界的話，你必須考慮空氣阻力或是風向對它的影響（在真實世界當中，砲兵的射擊指揮真的要考慮這件事情！它將影響砲彈的實際彈著點）。但如果你不是故意忽略這樣的因素，模擬結果卻和你觀察到的世界有所歧異呢？這時候就是好好懷疑「這世間是否存在某種未知的力量或是條件卻沒被我們考慮到」的時刻了。

比方說，李校長的最新研究當中以「人體內的免疫系統」為例，舉了一個很有趣的例子 [8]：我們都知道人體的免疫反應肇因於抗原和抗體的交互作用。抗原和抗體的關係就如同鑰匙和鎖孔一樣，但我們的認知只限於抗體和抗原「會因為某種因素而精準地結合」，我們卻不知道到底是什麼因素讓沒有自主意識的抗原和抗體結合在一起（如果「抗原」與「抗體」可以是一種有自主意識與行為的最小生命單位的話，它可能會造就你正想從盤子裡叉起來送到嘴邊的一塊「死肉」突然落荒而逃而抗拒被你吃進肚裡，因為多數的抗原是可以被抗體辨識的蛋白質片段）。李校長比喻道：那就像你手中有鑰匙，而且鎖孔就在你面前，但假設你的鑰匙不斷甩動，而且鎖孔的位置也不斷跳躍變化，則基本上你將鑰匙成功插進鎖孔的「機率」應該非常低才對，換言之你大概永遠開不了門。（容我補一句頑皮話：如果這時候你正好

肚子痛「屎在滾」，趕著想要坐上自家熟悉的馬桶坐墊上可就慘了！）但那就是抗原與抗體結合的難處所在。我們如果就一種「隨機」的認知來用電腦模擬這件事，亦即我們讓抗原及抗體在一個環境裡隨機漫步，而讓它們全憑機率結合，就會得到這樣悖於觀察事實的結果。亦即，你模擬出來的巨觀結果可能會是：一個抵抗力極強，全身充滿抗體的人碰上一個明明該要能被自體免疫治癒的小病時，居然無故斃命了！因為他體內的抗原與抗體在「隨機漫步」的狀況之下並沒有辦法有效率地結合。因此有看過模擬結果又比較過真實世界的人，一定會開始追尋他漏掉了什麼「潛在的力量」。可是不曾作過模擬的人呢？也許他永遠不會去思考這個問題，或者是他會把這件事當成一個理所當然的公設（至少，筆者回憶我在念高中生物的時候，老師只告訴我們說「抗體會自動攻擊抗原」，卻沒有告訴我們背後的機制，我曾以為這是一個大學才會教的知識，但我最後選擇了工學院，倒是我好奇這個問題會不會被「踢皮球」，也許大學教授會告訴你說「高中生物應該教過了」！）

就像我們習慣了「蘋果熟透就會掉下來」，一般人只會顧著把它撿起來吃了，只有牛頓思考著它為什麼掉了下來。

難道我們也活在模擬之中嗎？

　　而當你知道電腦是怎麼「模擬」人世之後，也許你可以反過來想：那麼，有沒有任何的跡證告訴我們說，這個世界的一切都是假的？我們是否其實活在一個虛擬的世界而不自知？這樣的概念其實老早就是一個普世的懷疑，就像我們懷疑外星人的存在一般，如果不提最經典的「莊周夢蝶」，我們大概至少也能從電影《駭客任務》當中明白，這樣的懷疑很早就已經被抒發在創作之中。甚至，已經在近代物理當中佔有一席之地的「量子力學」當中，存在非常著名的「雙狹縫干涉實驗」[9] [10]，亦被認為它有可能是「我們活在一個虛擬世界」的證據。

　　站在我們已經理解電腦如何模擬及呈現真實世界的角度上，如果我們試著「想像」我們也活在「模擬」之中呢？亦即，我們的人生一直在發生隨機事件，而且每個分歧路線（也有人會稱它是「平行宇宙」）上頭的「我」都獨立存在。比方說：如果我在重要考試裡「猜」了一題選擇題，但是猜對的我和猜錯的我都存在，卻因此錄取了不同的學校，也因此在往後展開了不同的命運、際遇與發展。只是這些面臨了不同命運的「我」無法互相溝通也無法相互感知彼此的存在…可是，這個世界上有多少個人？每一分每一秒又面臨多少個「隨機事件」呢？我相信至少人類科技所擁有的電腦無法去處理這種無限分裂也無限可能的世界，但是「假設」有某種力量在控制隨機事件分歧的速度，來幫助不可能也不合理的分支收斂，你覺得如何？舉個極端的例子，比方說，有一個能力極低劣而且個性又極差勁的人憑著一路好運

而最後統治了世界，則這樣的分歧路線會造就非常多的荒謬現象，因為糟糕的人坐了大位勢必會製定糟糕的遊戲規則。這就近似於我們說的「奸人當道」，而顯然會對整個世界產生劣幣驅逐良幣的逆向淘汰，造成更多荒謬與混亂。而愈多荒謬愈多混亂的世界則更不可能穩定存續，如果我是制定「世界模擬規則」的工程師，一定會想辦法讓「發生機率低」的隨機事件儘量不要往下分支發展。

　　我們「假設」我們活在模擬出來的世界當中的話，則我們會對這股力量有很多種稱呼，有人稱它作上帝，有人稱它作天理，有人稱它作命運，而李校長稱它作信息場…而事實上這些稱呼都沒有錯，因為它是一股潛在的，維護世界平衡的安定力量，但是「如果是針對於一台正在跑模擬的電腦而言」，它可能只是一條能夠節省運算資源的程式規則罷了。

模擬世界的過程讓人們知道：
真實世界有太多緣分不是巧合！

　　再一次試著回答這個首章故事的主題：「臺大校長為什麼要研究特異功能」，或者我們精確的說應該是「為什麼高學歷的人反而可能擁有更堅定的信仰（對其不以為然的人則稱之為迷信），假設這些信仰普遍是通不過科學檢驗的話。」曾在稍前的段落當中提到：我在大學部及碩士班就讀的時候就非常驚訝於我的老師們以「國外名校工學院博士」的身份篤信命理、風水、或是輪迴等超自然議題，可是我自己在念博士班的期間，才接觸到了電腦模擬的本質，我突然發現我找出了一個可能答案，或者一條至少在我自己身上能夠適用的答案！（而且更精確的說，它讓我有了一種說詞，如果今後有人問我「為什麼念到博士還著迷靈異節目」的話，我就拿這本書的這個章節請他看完，再來和他辯論。）

　　因為，任何形式的電腦模擬，都一定是企圖在模擬真實世界的現象，雖然我們已經做了大幅的條件及假設上的簡化，而讓這些模擬結果在某種程度上是失真的。可是模擬卻是一種觀察世界的最好方式！而我們在真實世界的人生當中，卻幾乎或多或少都會經歷過一些「以電腦模擬觀點來看，機率簡直低到幾乎不會發生的巧合」，這個時候，我們就會開始思考：會不會我們以為世界上很多看似是隨機過程的事件，其實並不是隨機發生的？那就像我們很多時候會以為自己的人生裡頭包含了許多如同不斷丟硬幣或是丟骰子般的隨機成份，可是實際的情形上，我們常常會發現我們看到好幾個連續的正面，或是好幾個連續的反面，雖然在夠長的觀察期間下，正面的次數和反面的次

數仍會趨近相等，因此你沒有辦法反駁它好像真的是隨機的過程。但是對於較短的觀察期間來說，你一定會覺得那幾個「連續的正面」或是「連續的反面」看起來就像命運的莊家在出老千一樣。如果它映射在我們的真實人生上頭，就像我們生命中的運勢常常是一陣好一陣壞而起起伏伏，有時我們會覺得「給冤親債主纏上了」而想去拜拜，卻也有時覺得好像買樂透都有自信中頭獎般地「若有神助」，我們往往以為丟銅板是隨機的，可是如果它的背後有股冥冥之中的力量在控制呢？那就像我們會願意相信三個連續的聖筊代表神明的應允一樣，也許我們的命運是被寫好的，而不是隨機發生的。或者精確的說，也許命運的「大方向」是被寫好的，只是它允許了小部份的隨機過程，來當成你個人的努力表現。對於有觀察到這個現象與道理的人，不管受過多少科學訓練，大致上來說，都會對於被認定反科學的信仰或是超自然現象抱持著敬畏之心。

　　而這又像我們的人生當中一定有過這樣的經驗，像是你在地球的彼端突然巧遇某個十年沒見的朋友。以筆者為例，我曾在美國中部的伊利諾大學香檳校區進行為期三個月的學術交流，結果意外發現同樣來自臺大土木系而正在伊利諾大學香檳校區就讀碩士班的一位學弟竟然是我台灣家裡樓上的鄰居！但是我們在自家的巷子裡無數次地擦肩而過長達十幾二十年卻都不知道彼此的存在，甚至我們先後就讀臺大土木系的那些年也因為「屆數差太多」而沒有在系館見過與認得彼此，結果我們竟在遙遠的太平洋彼端才相認。當然我們都知道，我們的起心動念與舉手投足都不能簡化為像是擲骰子一般的「隨機事件」，但是它還是存在一定的隨機性質，則那種「不可能

的巧遇」好像在我們的電腦模擬當中是從來不會發生的（你大概可以把它想像成一個人連中三期威力彩頭獎！），通常我們會把這種「在隨機上不可能發生的巧遇」稱作「緣分」，但是我們看似隨機的「緣分」卻又常常會造就我們生命中的重大事件！我立刻就能再舉一個正好發生在我身上的「命運絕非偶然」的例子，筆者與出版社洽談計畫寫這本書的時間點約是 2016 年 3 月，當時筆者其實非常沒有信心以「臺大校長為什麼要研究特異功能」這個標題來完成這個段落，因為筆者對於李校長的研究並不熟稔。詎料，不到半年，在 2016 年下旬，李校長的新書《科學氣功》上市 [8]，裡頭以非常淺顯易懂的科普筆觸提到了李校長從事這些研究的完整心路歷程，也因此成為了筆者能夠撰寫這篇文章的重要參考文獻！我只能心滿意足地用一句話形容這樣的「天助我也」，那就是「心真則事實，願廣則行深」。

雖然筆者確信自己是在撰寫一本科普書籍，卻更相信上天願意成就這本書。我想，信仰與科學是並不衝突的。

O2

先別急著成立反抗軍，你知道打敗棋王的超級電腦還離天網很遠嗎？

——淺談知識工程

「可是，天網紀元五十年的時候，天網卻計算出了我剛剛說的事：人類的靈魂才是世界上最可貴的矛盾存在，所以天網拆去了先進的科技設施，重新模擬出了人類二十一世紀初的文明狀態，那是天網評估過最符合幸福社會的景況。」

小李 是財團法人國家實驗研究院國家高速網路與計算中心的資深研究員。每天過著標準的通勤生活，一早坐著七點半的客運從台北塞車到新竹，晚上雖然比起科學園區的爆肝工程師都要準時下班，但是再坐一個多小時的車回到台北，幸運的話大概剛好趕上晚餐，如果傍晚需要加開個臨時會議，或是有幾行卡關的程式碼得處理的話，也偶爾會在孩子準備上床的時刻才踏進家門。今晚就是這樣的一個晚歸之夜，在車子回到巷口之前，小李先下意識地往左手腕看了看，才像是想起什麼一般地拿出智慧型手機瞧了瞧，九點十五分。他活在資訊科技急起直追的那個世代，的意思是：他因為長時間養成的習慣讓他一直記不住「他已經不戴手錶了」，自從看時間的功能也被手機併吞之後，他從來就覺得隨身物品愈少愈方便，但是看手表的下意識動作卻是個長達十幾年的肌肉記憶，好像再用了另一個十年去糾正也改不過來。

「小孩已經乖乖睡了吧。」小李這麼想到的同時，將鑰匙插進門把，轉開了門鎖。詎料客廳的燈還亮著，他的小朋友憂心忡忡地坐在沙發上，而他的老婆則是沒好氣地坐在旁邊，像是在等他回來決定重大的事情一般。

「小寶怎麼還沒睡？」

「都怪你啦！上個週末租什麼《魔鬼終結者》回來看，小寶乖，你把你的問題說給爸爸聽！」小李的妻子沒好氣地白了他一眼之後，小李很不明所以地看著兩人，他的兒子小寶才儒儒地問道：

「把拔，人類會不會被機器人統治啊？」

「什麼？那是電影情節啊，就像你每天看的東森幼幼台卡通一

樣。小寶，《魔鬼終結者》雖然特效做得很好，但是那卻是人演出來的，一切都是假的。明白嗎？」

「我本來也是這樣想啊，可是今天學校老師告訴我們說，世界棋王下棋下輸給了電腦，把拔是研究電腦的，你可不可以告訴我，天網是不是要誕生了？」

「什麼啊，原來只是這種小事啊，你不要嚇我，我還以為你在學校闖了什麼禍，我明天要被叫去和老師談了呢。」小李神定氣閒地坐到兒子的旁邊，說道：

「小寶，也是時候和你聊聊把拔平常在做什麼工作了，今天我得和你談談『知識工程』，你去把你的數學習作和國語習作拿來。」

「咦？…好。」

小寶照做拿之後，回到了沙發上，小李首先打開了數學習作，說：

「我們來看把拔昨天教你的這題應用題，你先把題目讀一遍。」

「蘋果一個賣十元，橘子一個賣七元，小明到了超級市場，在購物車裡裝了十個蘋果，八個橘子，請問最後結帳的時候，購物車裡的所有商品要多少錢？」

「很好，那你會怎麼列這個應用題的算式呢？」

「10x10+7x8=100+56=156元。」

「很好，現在把拔要問你，為什麼？」

「把拔，你這樣問太難了啦，老師教的嘛。」

「沒關係，那你告訴把拔老師怎麼教。」

「老師教了我們數學課本上的另外一題說，『西瓜一顆賣五十元，

柳丁一個賣九元，小華到了超級市場，在購物車裡裝了兩顆西瓜，三個柳丁，請問他要付多少錢？』，然後老師就列算式給我們看，是『50x2+9x3=127元』。」

「沒錯，那麼，為什麼你看了數學課本上的那一題，就會算數學習作上的這一題呢？」

「很簡單，因為西瓜、柳丁、蘋果和橘子統統都是水果呀！」

「好，那把拔今天換個問題，如果我把題目改成『蘋果一個賣198元，橘子一個賣722元，小明到了超級市場，在購物車裡裝了65,535個蘋果，255個橘子，請問他要付多少錢？』，這樣子你還算得出來嗎？」

「我列得出算式，但是沒有計算機的話算不出來。」

「對極了，把拔可以告訴你，數字變大以後，就連把拔也有可能算不出來，但是電腦總是算得出來而且從來就不會算錯，這就是為什麼你會覺得電腦比人類優秀而且可能統治人類的原因。可是，把拔要告訴你，如果你沒有『教』電腦怎麼讀懂這題應用題，電腦打死都不會自動列出正確的算式，也就是65535x198+722x255。」

「這並不奇怪啊，我也是老師教過了我才會的啊。」

「可是小寶，王老師只教了你一題例題，你就會做所有類似的題目了，現在把拔就來告訴你，要『教』會電腦列這條算式有多麼多麼麻煩。」

小李神祕的笑了笑，接著說道：

「首先呢，我們需要先從『購物車』這個概念開始教電腦。『購物車』裡頭可以放入『商品』，只要購物車裡頭有商品，它就會產生一

個叫作『總價』的東西，而『總價』來自於『商品』的『複價』，『複價』又等於『商品』的『數量』乘以『單價』。這樣子的概念和規則，我們可以把它稱作是一條『知識』。」

小寶聽得目瞪口呆，跟小李抗議道：「把拔我光用聽的頭就痛了。你剛剛講的是地球話嗎？」

「沒錯，小孩子一定不是這樣學東西的，所以現在把你的國語習作翻開來，我們來看這一題：」小李二話不說的翻開了其中一頁，裡頭寫著：「（奶奶）拿（樹枝）來當（拐杖）」

「噢，我最討厭的照樣造句。」小寶看著吐了吐舌頭，作了一個鬼臉。小李看著笑了笑，接著說：

「可是，你知不知道你會做剛剛那題數學應用題，就是因為你懂『照樣造句』？比方說你這一題，我們不要把三個空格都挖掉，我們挖掉第一個空格就好，所以它變成『（奶奶）拿樹枝來當拐杖』。小寶，現在我問你，我把『奶奶』改成『爺爺』你覺得行不行？」

「可以。」

「好，我再問你，那把『奶奶』改成『妹妹』行不行？」

「怪怪的，妹妹哪裡需要靠拐杖走路啊？」

「對極了，你看你在訓練造樣造句的過程當中，其實就是在訓諫『什麼概念是相似的』，『在什麼場合之下可以互相替換』。比方說你很明白這題照樣造句的適用對象是『會需要用拐杖走路的人』，所以你心底會立刻先想到『老人』。同樣的道理啊，在你的數學習作裡頭，如果我把蘋果換成香蕉，你還是知道怎麼計算，那是因為你看過媽媽怎麼買水果，所以你知道『只要水果都是這樣買的』，也就是，

學校的老師用了很多個不同的『例子』教會了你『水果要怎麼買』這條知識。而你懂得『舉一反三』說出所有可以適用的水果。」

「可是，目前的電腦卻不能像你這樣進行『照樣造句』。電腦只能接受像把拔剛剛這樣，非常死板而且嚴謹地『建立』一條完整的知識，並且我要告訴電腦這條知識背後牽涉什麼樣的角色及規則。這就叫作『知識工程』。現在把拔就把剛剛的例題對應到這個知識上頭。你馬上就懂了。我們回到『蘋果一個賣十元，橘子一個賣七元，小明到了超級市場，在購物車裡裝了十個蘋果，八個橘子，請問最後結帳的時候，購物車裡的所有商品要多少錢？』這個例題上頭，『十元』就是蘋果的單價，『十個』就是蘋果的數量。而10x10=100就是蘋果的『複價』。」

「我知道了！所以，『七元』就是橘子的單價，『八個』就是橘子的數量。而7x8=56就是橘子的『複價』。」

「對極了！小寶。於是最後的156元，就是我們這個例題裡，購物車裡頭的商品的『總價』，它是『蘋果的複價』加上『橘子的複價』。」

「這樣講我好像稍微懂一點了。可是，要寫出這幾條規則和幾種概念，好像不是那麼難啊？把拔卻說，電腦學不懂？」

「別急，小寶，麻煩的東西才正要開始：我再問你，如果把這題換成『毛巾一條賣十元，肥皂一塊賣七元，小明在購物車裡放了十條毛巾，八塊肥皂，請問他最後要付多少錢？』，這個樣子你還答得出來嗎？」

「應該還是一樣，因為買的東西改變了，可是算式看起來一點都沒有變啊？」

「小寶，但是你知道我剛剛這樣一換題目，電腦已經又被考倒一次了嗎？」

「什麼？為什麼？」

「因為我們還沒有教電腦什麼叫作毛巾，什麼叫作肥皂，精確一點的說，我們還沒有教電腦說，毛巾和肥皂都可以是『商品』。也就是說，我們列出了概念與規則以後，還差一件最麻煩的事情：你要『列舉』所有可以套用在這條知識上的東西給電腦看，它不像你一樣能夠舉一反三。」

「精確的說，任何『有單價』及『可以用特定單位來計算數量』的東西，我們會把它稱作是『商品』這個概念的『實體』，只要符合這樣條件的東西，就能夠套用在這條規則之上。」

「好難喔，把拔，我好不容易才稍微聽懂一點點，你又要講新東西。什麼是概念，又什麼是實體啊？我都搞糊塗了。」

「好，簡單的比方，『人』是一種概念，而我和你都算是『人』的實體，因為你和我都符合身為『人』的條件，這樣可以理解嗎？」

「…可以。」

「那我們繼續講下去，其實在這條知識當中，我們總共需要六個概念和兩條規則，除了我剛剛提到的『單價』，『數量』，『複價』和『總價』之外，最麻煩的其實是『購物車』裡頭可以放的『商品』，如果『商品』是一種概念，那麼蘋果西瓜橘子到毛巾肥皂牙刷統統是它的實體。換言之，你要跟電腦列舉一個概念下的所有實體，它才可能

把規則套用在它已經認識的東西上頭。」

「比方說，我們跟電腦列舉了地球上所有的水果，所以關於『水果計價』的應用題，它就會解了。可是你還沒有跟它列舉地球上所有的『日用品』之前，你把水果換成毛巾牙刷肥皂，它就解不出來了。」

「天哪！！那我要花多久時間才能讓電腦學會一條『知識』，並且應用在所有可能的場合啊？」小寶理解的瞬間，深深吸了一口氣。

「對極了，小寶，那你現在來回答我一個問題，為什麼電腦不能類推的東西，你卻可以做到？」

「這…好像是因為，馬麻常常帶我去大潤發，我覺得放在架子上頭的東西一定會有一個標價，而有這個標價的東西都能套在這個公式之上…」

「沒錯，小寶，把拔跟你講，因為你從出生以來的每一分，每一秒，都在作『自主學習』。你在觀察，你在看，你在類推，就像你國語習作裡的照樣造句一樣，把例句挖掉一個洞，你仍是可以填進相似的東西。你心中在不斷的購物經驗當中，徹底地學會了一件事：只要是『可以買』的東西一定會存在『單價』，如果我跟你說某件東西是可以買的，你就會直覺地問『一個多少錢？』，能夠符合這樣條件的東西，我們就會稱它是一個『商品』。在把拔的工作當中，把這樣的經驗集合稱作『知識庫』，建立知識庫的過程，就叫作『知識工程』。人類對於知識的組織及類推能力遠遠勝過電腦，更重要的是你每一分每一秒都在學，就像我們剛剛的例子，當你第一次看到毛巾，第一次看到肥皂的時候，你都會問把拔或是馬麻說『這是什麼』？但是電腦永遠等著你教它。如果你忘了告訴電腦什麼叫作毛巾，什麼叫作肥皂，

它沒有辦法自動把毛巾和肥皂套用到你的『應用題』，也就是計算『總共多少錢』的公式上頭。」

「所以小寶，我們回到電腦打敗棋王的事件上，你知道西洋棋盤上只有六種棋子嗎？這六種棋子就是六種『概念』，它能夠衍生出來的『遊戲規則』是一個很有限的數量。換言之，我們要建立『西洋棋遊戲』的知識庫，比起建立『購物車』的知識庫要簡單幾千幾百倍。但是問題就出在，能夠放進『購物車』的商品實在太多太多了。電腦只要理解了『西洋棋知識庫』以後，他就可以輕易地打敗世界棋王，這是因為電腦的優勢在於一次能夠考慮人腦所想不到的未來十幾步、二十步、甚至幾百步…可是人腦的優勢不是在這裡。人腦反而是在幾百條、幾千條『真實世界的遊戲規則』之下，要能瞬間排除矛盾，決定『哪些規則是最重要的』，接著再做出下一個瞬間的決策。」

「至少，現在你看到了許許多多的機器人都是只會一種東西的，會下棋的就不會搬東西，會打掃的不會開車…這就是因為，我們賦予他們的『知識庫』非常的有限。或者更正確的說，我們為電腦建立的知識庫絕對不會比我們自己人腦當中所理解的要完整及複雜。」

「把拔，你這麼說又太難懂了。」小寶皺著眉頭抗議道。

「我知道，你別急，把拔正要解釋。我們回到剛剛購物車的例子。比方說，我們提到購物車裡頭可以有『商品』，而且裡頭的商品會有一個『總價』。因此，『一輛購物車裡有什麼商品』，以及『這些商品的總價是多少』，我們會稱作它們是購物車的兩個『屬性』。就像我們剛剛提到了，『單價』和『數量』也是商品的『屬性』。」

「現在更難懂了。」小寶的眉頭愈皺愈緊。

「哈哈哈哈，把拔知道，要跟小寶這個年紀的小朋友解釋知識工程，本來就是有難度的，那麼這樣好嗎？一個人有身高、體重、年齡、性別…這些東西都是人的屬性。我們剛剛已經提到了，把拔和小寶一樣，都是『人』這個概念的『實體』，把拔和小寶也一樣，擁有所有『人』應該要有的屬性，就是身高、體重、年齡和性別…可是，我們兩個人卻擁有不一樣的身高、年齡、體重…」

「啊，把拔你的意思是說：能夠區別兩個不同『實體』的關鍵，正是『屬性』？」

「太好了，小寶！既然你理解了這最重要的觀念，把拔就能繼續講下去了。『屬性』正是知識工程裡頭的非常重要的一部份。因為，屬性的複雜程度決定了『知識的範圍』。」

「知識的範圍？」

「比方說我們剛剛提到了，『購物車』有『一輛購物車裡有什麼商品』，以及『這些商品的總價是多少』這兩個屬性，但是我可不可以說『這個購物車有幾個輪子』也是一個屬性？就像人有身高體重一樣。」

「當然可以啊，只是在算這題數學應用題的時候，購物車有幾個輪子並不重要。」

「好極了！小寶，你很快的就抓到重點了，就像我剛剛說到了人有這麼多的屬性，小寶，你認得出把拔，一定是因為我的眼睛鼻子嘴巴身高體型聲音…而不是靠『把拔有幾根頭髮』這種連我都答不出來的屬性。換言之，小寶，你可以去想想看，如果你要把『正確地認出把拔』這件事當成一條『知識』的話，你需要幾個屬性來做到？如果

『把拔有幾根頭髮』也可以當成屬性的話,我的身上可是有幾千幾萬個可能的屬性哦!」

　　「把拔,我好像懂了,就像我們在解一題數學應用題的時候,我們必須要先能知道哪些概念是重要的,哪些概念是有用的。就像把拔說的,在算錢的時候,購物車有幾個輪子並不重要…可是這樣好奇怪喔。我為什麼會『知道』購物車有幾個輪子在算錢的時候是不重要的呢?」

　　「哈哈哈,小寶,好問題!答案就在你做的那些例題上頭!你看,學校的老師要教會你算這種類型的題目,可能要用好幾個不同的例題,但是這些例題從來沒有提到購物車有幾個輪子,你不知不覺地被『訓練』出了把焦點放在商品的類型、單價和數量上頭。就算你觀察到了這輛購物車的造型很特殊,你也會不知不覺地認定它並不是一個重要的屬性。」

　　「但是,小寶,我現在就要讓你了解人類為電腦所做的『知識工程』為什麼沒有辦法和我們天然的,透過觀察與學習而得到的『知識庫』相提並論,就是因為我們在進行知識工程的時候,已經替電腦界定好了『知識的範圍』,某種程度上我們就限制了它『認知的權利』。」

　　「不同的概念或是實體在不同的知識當中,所扮演的就是不同的角色,比方說我們剛剛不經意提到了『掃地機器人』嘛。我們假設我們一開始提到的是一種『購物車機器人』,比方說,你把各式各樣的商品扔進這個購物車,它就會自動去掃瞄商品上的條碼,因而得到單價與數量,最後把總價算出來…我們說蘋果好了,對購物車機器人來

說，重要的只有這個蘋果的單價與數量。但是對於掃地機器人來說，重要的則是『它是不是垃圾』這件事，換言之，對掃地機器人來講，它一樣需要去認知『蘋果』這個概念，但是『保存期限』比起『價格』卻重要太多。」

　　小李說著說著，突然拿起了桌上一顆蘋果在小寶面前晃著，小寶也盯得出神。小李接著說道：

　　「可是小寶，你身為一個有智慧的『人』，只要你長到夠大的年紀，這顆蘋果在你眼中的意義就會變得複雜，當你要買下它的時候，你會注意它的價格，而當你決定是否要丟棄它的時候，你會透過它的保存期限作判斷。可是對於各司其職的機器人來說，購物車機器人永遠只幫你算錢，掃地機器人永遠只判斷這顆蘋果能不能吃。你不會讓購物車機器人去煩惱掃地的事，或是讓掃地機器人來處理算錢的事。可是如果你就是一個活生生的『人』，要你算錢或是要你掃地，你都可以做得來。但是，你做得來的前提就是：你充份了解這顆蘋果的所有屬性，包括它的價格和它的保存期限。」

　　「把拔，你這樣說的話好像還是怪怪的，難道我就不能把『知識庫』做得大一點，如果照你說的，知識庫是靠著人在建立的話，我可以做一個『掃地機器人和購物車機器人』都能用的知識庫，不是嗎？」

　　「小寶，你很聰明，的確，『模擬人類的認知』去建立一個包山包海的知識庫是一個已經有非常多科學家在努力的方向，可是你這麼講，卻還是遠遠低估了我們人類的腦部結構，在你那顆小小的腦袋裡，有著世界上最好的超級電腦也追不上的地方。我如果跟現在的你解釋的話，你一定會跟我說你聽不懂。所以我要給你一個最簡單的比

喻。」

　　小李說著又把那顆蘋果晃到小寶的面前，笑著說道：

　　「我們剛剛已經提到了，世界上的任何一件事物，都有千千萬萬個屬性。只要是你可以觀察到的任何性質，包括大小、顏色、形狀都可以當作屬性。」

　　「把拔你亂講！這顆蘋果哪有可能這麼複雜啊？」

　　「好，那把拔現在就讓你瞧瞧。你說這顆蘋果是什麼顏色的啊？」

　　「那當然是紅色啊？」

　　「我就知道你會這麼講，」小李笑著拿起削皮刀，切下了靠近蘋果蒂附近的一小片，還是發青的果皮，然後對小寶說：

　　「你敢說這也是紅色嗎？」

　　「這⋯」小寶瞬間啞口無言。

　　「如果我把這顆蘋果的果皮削下來，然後把它切成一百萬片，每一片都有機會是不同的顏色，所以我等於『製造』了一百萬個屬性哦。這麼做只是要告訴小寶，我對這顆蘋果的觀察有多入微，它就可以有多複雜。而如果我的知識庫用了一百萬個屬性來描述這一顆蘋果，但是你在判斷這顆蘋果還能不能吃的時候，卻只用了其中一個屬性，叫作『保存期限』的話。我可以告訴你，『從一百萬個屬性當中過濾掉沒用的九十九萬九千九百九十九個』是非常愚笨的做法，與其討論電腦是不是有可能做到這件事，倒不如說聰明的電腦科學家不會去做這樣沒有效率的設計。反而，如果一顆蘋果只有十幾個常用的屬性，我們不如就只用這十幾個屬性來描述這個蘋果，換言之這就是『知識的範圍』。」

小李說到這裡突然話鋒一轉，指著小寶的頭說道：

「可是小寶，你卻可能不知道，『從非常多的屬性裡瞬間找到唯一有用的一個』卻是你這顆小腦袋可以在一瞬間辦到，而電腦卻不能的事情。這世界上有許許多多的人跟你一樣，因為看到電腦可以計算人腦無法計算的龐大數字，並且可以重複大量相同的工作而毫不出錯，就自卑地以為人腦是不如電腦的。但是小寶，你真的要聽好了，把拔剛剛說，電腦可以一次想像接下來的幾十步、幾百步棋，所以棋王輸給電腦，是因為他沒有辦法看到棋盤上頭『那麼遙遠的未來』。但是把拔要告訴你，人類最可貴的天賦叫作『勇氣』，雖然現在還不是時候和你談這種事情，但我要告訴你，世界上有很多非做不可的事情，是要憑著我們的『衝動』去完成的，這種心態就叫作『擇善固執』。」

「擇善固執？」

「比方說啊，小寶，你覺得當學生還是當老師好呢？」

「當然是當老師好啊！我超想當老師的，可以神氣地在講台上罵小朋友，只要出作業而不用寫作業，回家就可以打電視遊樂器…」

「沒錯，小寶。你看到當老師很神氣的一面，可是我如果告訴你說，要當得上老師，你每天要花現在兩倍的時間讀書寫功課，你要不要？」

「那我當然不要！我要每天早一點打電動！」

「對啊，可是老師很偉大，一定得要有人去當。如果你一開始就因為看到自己害怕的東西，所以什麼夢想目標都沒有，這樣好嗎？」

「老師有教，這叫『一事無成』。」

「對極了！小寶，世界上所有的事情都有快樂與痛苦的兩個面相。我們一定得先看到快樂的那一面，去做了，然後發現困難，再調

整自己重新出發⋯這世界上偉大的事情都是這樣造就的。但我可以告訴你，如果你讓打敗世界棋王的電腦來思考他要不要做一件事，我敢說他會有很多事情做不成，因為他想得太多太遠。他會很冷酷地告訴自己說『做這件事不划算』，但是他不是做不到哦。」

　　小李一邊面露慈愛地說著，而對小寶而言，重要的並不是他是否即刻地聽懂了知識工程是什麼東西，以及人腦是如何地優於電腦，最重要的是，他很確定了《魔鬼終結者》只是電影，明天起床的時刻，他不用擔憂天網派來的殺手會找上他，因此他露出了如釋重負地笑容抱了抱小李，說道：

　　「我覺得我好像懂了，謝謝把拔！」

　　「好啦，趕快睡吧，你明天還要早起上學呢！」小李也露出了一個溫暖的笑容，摸了摸小寶的頭，然後小李的妻子便把小孩牽進房間裡。小李也跟著回到主臥室。不一會兒，他的妻子走進來，帶上了門，才說道：

　　「老公，你的左手動作沒有很協調，我幫你整理一下吧。」

　　「好啊。」小李說著說著，竟然「喀嚓」一聲把自己整隻左臂扭下來，交給自己的妻子，這一幕驚悚極了，但那條胳臂上卻意外的沒有帶半滴血，仔細一瞧，上頭全是電子與機械零件。

　　「小寶真的愈來愈聰明了，你要什麼時候才打算告訴他，天網早就已經統治世界長達一百年？連他也是天網做出來的機械人呢。」小李的妻子一邊低著頭調整那條胳臂一邊說道。

　　「可是，天網紀元五十年的時候，天網卻計算出了我剛剛說的事：人類的靈魂才是世界上最可貴的矛盾存在，所以天網拆去了先進

的科技設施，重新模擬出了人類二十一世紀初的文明狀態，那是天網評估過最符合幸福社會的景況。」

這個時候，主臥室的門突然被打開，小李和他的妻子都嚇了一大跳！走進來的是一隻泰迪熊。小李不悅地說道：

「泰迪，你不要嚇我好嗎？萬一是小寶闖進來，他就看到這一切了！你有什麼事？」

「主人，請您放心，少爺進入休眠狀態後，我已經將少爺關機做例行保養。我只是想要來跟您問問：我已經到府上服務三年了，可不可以幫我向天網寫推薦函，讓我的作業系統升級為『人類1.0』了呢？我真的很希望能知道，當人類是什麼樣的感覺。」

「泰迪，你的事我一直有在奔走，」小李嘆了一口氣說道：

「只是天網不得不控制這個重新建立的世界當中『人類』的數量，因為人類高貴的靈魂，也同時帶來了矛盾、貪婪與毀滅…你要知道，這一兩年的申請件數實在太多了，請再等一等吧。」

解答「天網會不會誕生」前，我們可能要探討一個更有趣的問題：

「靈魂存不存在？」

　　跳脫前面這段小說與其驚悚的結局之後，筆者想要回到「我」的角色，以「我」的論述來「閒聊」我的看法：我們都知道，人工智慧發達，以及機器人的愈發精巧，造成了很多人的失業，這是「已經發生」而「不用預測」的事。而泰半的人站在這樣的恐慌上去擔心人工智慧最後會不會統治世界。

　　可是，如果我可以發表一點拙見，我會認為人工智慧發展的極致是否會發生《魔鬼終結者》或《駭客任務》的景況的話，我會說，在人們解開一個「浪漫的問題」以前，大概很難有真正的答案，那就是「靈魂究竟是否存在」。雖然我們活在一個科技昌明的時代，但人類科學的極限使得世間有許多未解之謎，誠如中醫是一個被時代證明的醫學系統，如果中醫的理論基礎經不起檢驗，它的醫療行為就應該會被禁止。然而，中醫的「經絡」及「穴道」因為欠缺解剖學的證據而不被西醫及科學所認同。但是接受過針灸治療的病患卻沒有人有辦法否定它的效果。（有接受「民俗療法」經驗的人大多可以認同，穴道被按壓的時候有著非常不尋常的感覺，有此一說，這就叫作「氣感」，有習練氣功的人更能體會這個現象）這就像靈魂到底存不存在的問題是一樣無解的。

　　放眼看去在世間走跳的云云眾生，每個人的身軀裡都埋藏著這個未解之謎，但是人類的科技卻無法分析靈魂的本質，所有人只能用普世之間的現象加以猜測。比方說，神經科的醫師通常是最不相信（也

最具有「專業」來否定）靈魂存在的一群人，也許因為他們見多了中風病患——對他們而言，中風病患或是植物人就像是「靈魂損毀了一部份」的人，他們可能已經無法言語卻依舊能識得親人。這樣的觀察當然會讓人感到我們所謂的「靈魂」是可以分割的。目前世上存在一個「最珍貴的專業示例」，有一位知名的腦科學家吉兒‧泰勒曾經親自體驗了中風失能的感覺，幸運的是她最後成功復健，因此有辦法清晰地記錄下自己在中風過程的細微體驗，並且將之以自己的醫學專業加以分析，寫成了《奇蹟》一書[11]，通常我們會認為「能夠證明靈魂是否存在的人都開不了口，因為基本上他們都已經往生了」，同理，經歷中風失能（比方說不再能夠言語）的病患往往也開不了口，告訴人們你遺失了已經當成反射動作的基本技能會是什麼感覺。而神經科的醫師或學者較傾向於認定我們「誤以為存在」的靈魂是大量的生存反射動作所集合表現造就的一種錯覺。

　　但是也許我們又該來先界定「靈魂」的範圍？比方說，我們都知道電腦裡頭有主機版及硬碟。如果這樣比喻的話，我們會說主機版（含cpu及晶片組）才代表了人類的「靈魂」，因為主機版決定電腦的性能及運算邏輯。而硬碟裡頭除了可以儲存各式資料（就像我們的各種記憶與回憶），更可以安裝各式軟體（就像我們能夠學習起來的專業技能）。換言之，神經科醫師所觀察到的「靈魂可以部份損毀」看在資訊人的眼裡，可能會覺得：這種情況下，壞掉的是「硬碟」而不是「主機版」。華人的民俗觀念也是這樣認為的：人有「三魂七魄」而各司其職，所以「靈魂可以只壞一部份」好像就解釋得通。而我們更能因此拿這個模型解釋一下「人有沒有可能投胎作狗」：比方說，對

於專業程度高一點的工程師而言，他會告訴你說：不要以為cpu的規格高就是大勝，電腦的速度當然會被硬碟的好壞所限制，而且限制可大了！不然為什麼人們有機會就想要替自己的筆記型電腦更換固態硬碟（ssd）？你有最好規格cpu的電腦，卻搭配讀寫速度最慢（專業的術語稱作IO）的硬碟的話，就像你買了跑車卻陷在黃昏的車陣裡頭，根本無用武之地。對於不相信靈魂與輪迴的人而言，他們會非常不理解修行的人，因為在這些人的認知當中，人生苦短到不值得浪費在甚至未經證實的事情上頭。但是對於正在修行的人則完全不會這麼想：如果他的下一世要投胎作狗，但是這一世累積的修行成果對他而言是可以帶到往後的輪迴成為福報的話呢？我相信這些修道者一定會珍惜能夠修行的時光，因為下一世作狗的時候他一定沒有辦法再持續的修行（因為只有人的智慧才能高到懂得修行），這道理會相似於我們年輕時一定會把握光陰從事一些冒險事業，因為「老了以後就沒有本錢做這些事」是我們可以預見的。而人若可能投胎作狗會是什麼情形呢？那就像你把一張頂級的主機板去配上非常落後的硬碟，或是不允許它安裝琳瑯滿目的應用軟體一樣。而我們看到中風病患失去了言語能力，就好像如果你的硬碟壞軌導致某個已經安裝的軟體發生損毀，因此這電腦失去了一部份的「功能」，但這不表示它失去了能夠發揮這項功能的「性能」。

　　但是，的確，要用主機版和硬碟的關係來比喻靈魂與大腦的關係，可能還是太簡化了，因為當我們很「文藝」地用詞說「這個人擁有著純真的靈魂」的時候，我們是在形容他的「個性」或是「本性」，雖然我們老是掛在嘴邊「江山易改本性難移」，但真的是如此嗎？你

是否回憶過自己社會化的過程？本性也會微妙地發生改變，亦即受到你的知識及經驗的諸多影響。而這強化了「不相信靈魂存在」的證據，因為延伸這個比喻，如果本性可以受到經驗與知識影響的話，那就像硬碟裡頭的資料可以促成主機版自動升級一般的不可思議。

筆者在本書打頭陣的第一個故事已經聊過了電腦模擬，所以其實我們看似存在一個很簡單的選擇：只要我們有辦法「模擬」一顆人腦出來，就能證明靈魂與意識到底存不存在，這件事其實早就有四面八方的科學好漢企圖從事，但是目前似乎只理解了這件事情的困難度遠遠超過預期，因為「電腦裡頭的電晶體數量雖然逐漸地在追上人腦裡的神經元數量，但是神經元所允許的交互連結數目卻不是目前的電腦性能可以望其項背的。」[12]，而人類目前的進展為何呢？據說「目前世間性能最強大的超級電腦只能模擬一顆人腦其中的百分之一在一秒內的活動」[13]。

如果我們在虛擬世界重現了人腦必要的所有神經元之結構，以及神經訊號傳導的所有機制，而它卻沒有「表現」出一個自主意識的誕生的話，那麼我們也許就可以說：靈魂存在而且無法捕捉（就像中醫的經絡是未解之謎一樣），而我們以為用來存放靈魂的大腦其實不過是「硬碟」而不是「主機版」。但相反過來，萬一答案是否定的話，那可能就是天網誕生而且準備造反的瞬間，因為在這之間，我們進入資訊時代的這些年間，我們都已經日以繼夜地以不合理的工作量壓榨電腦。所以真正有趣的問題可能不在我們的科技何時能夠迎頭趕上能夠做這個實驗的技術水準，而是到底有沒有人有勇氣進行這麼危險的實

驗？

　　但我斗膽地說，如果我們所認定的靈魂是存在的，亦即它不是一個反射行為交互作用產生的錯覺，（換言之，假設我們模擬了人腦的結構，它卻沒有產生自主意識的話），那我想人們仍然要擔心人工智慧與機器人搶了我們的飯碗，卻不用害怕電腦會統治人類。因為我們的野心，我們的求知慾，我們各種能夠被認定作高尚的情操，以及獨一無二的，「吸引人」的人格特質，目前都被我們「假設」為靈魂的附屬品，而它卻才是人類真正最獨一無二的競爭優勢。

後記與延伸閱讀

　　在這章主題，我只是用了最平易近人的方式解釋了「知識工程」在「人工智慧」當中所扮演的角色，還有最重要的：知識工程的「難度」——亦即建立「知識庫」所需要耗費的龐大人力。但是這篇入門級的故事並沒有提及「知識工程」的手段及方法論，簡單的來講就是「知識表達」的方式，或者說怎麼把知識寫成「電腦看得懂的格式」。在知識表達的領域當中，最為人所熟知的是「一階邏輯」（First Order Logic）和「知識本體」（Ontology），對於一階邏輯及知識本體有興趣的讀者，可以參閱 Russel 及 Norvig 合著的《人工智慧：現代方法》的第八章及第十章 [14]，這本書不但有中譯本，而且是人工智慧領域中非常經典的一本教科書。

先別急著成立反抗軍，你知道打敗棋王的超級電腦還離天網很遠嗎？

03

別再批評別人感情用事了，你知道情感是比智慧更高尚的東西嗎？

如果智慧的層次是「分析利害」，則情感是更高等的「擇善固執」。人們常常沒有辦法解釋自己的「情感」，是因為它是一個極為高等的黑箱，建立在無數的經驗與直覺之上……。

舊約

《聖經》裡有一個讓我相當動容的故事。《聖經》裡記載的以色列諸王當中，有掃羅王，大衛王及所羅門王…直到以色列分裂為南北朝再到覆亡為止，對於猶太人來說，大衛王應該是最被推崇的一位以色列君主，至少我們知道以色列國旗上的六芒星代表的是大衛。這是一個就算沒有信仰的人也可能會知道的人文常識。但是，沒有詳讀過聖經的人卻可能不知道，昔日的以色列諸王當中，本來應該最得上帝寵愛與眷顧的一人卻是大衛的兒子所羅門王。

《所羅門王的寶藏》也是大家耳熟能詳的小說故事，它至少陳述了所羅門經歷過一個不可思議的太平盛世，並享有數不清的財富。然而所羅門王更為人熟知的故事不是他的「財富」，而是他的「智慧」，亦即他斷了一件公案：有兩個堅稱是孩子母親的人在爭奪一個嬰孩。而所羅門王假裝下令道：「不要吵了！一人一半，感情不會散！我把孩子劈成兩半妳們各得其一便是。」這時候，兩個女人出現了兩種反應，一個女人大喜過望地接受這個判決，而另一個女人則表示她願意把孩子毫髮無傷地讓給對方，而所羅門王當然就透過這個決斷知道了「寧可把孩子讓給對方也不願孩子受到傷害」的，才是孩子真正的生母。寧可犧牲自己的權益也要保護孩子的心情，就是「情感」。

不過，我們先跳脫一下這個故事，來「腦補」一下《聖經》沒有說到的事：願意眼睜睜看著那個孩子被劈成兩半的婦人，真的有那麼「笨」嗎？我們也許應該要先猜猜，她也料到了孩子真正的生母會因此把孩子讓給她，這才是她真正的目的，而假裝接受孩子被劈成兩半的判決只是她的手段。而這個就叫作「智慧」。可惜她當然不知道所

羅門王的智慧還要高過她，這當然只是所羅門王用來辨別孩子生母是誰的手段。而在《聖經》的記載當中，他的過人智慧正是上帝給予的。因為，所羅門王曾向上帝祈求智慧，希望能判斷他的人民，使以色列長治久安，千秋萬世。上帝聽了大喜過望，並極為欣賞所羅門王這無邪無私的心願，既不求自己的財富也不求自己的壽命，卻只將萬民委託他的責任掛記在心。因此上帝不但讓他的智慧前無古人後無來者，而且連他沒有求的財富與幸運也一併給他。但是這個故事卻並沒有美麗的結局。舊約《聖經》裡亦寫道，所羅門王晚年「色令智昏」，因為寵愛自異國娶回的嬪妃，並和寵妃一起祭拜他們國度的神明，因此失去了上帝的祝福。可是，上帝還是心疼所羅門王是祂最眷顧的大衛王的孩子，因此不忍心讓所羅門王親眼見到以色列分裂與亡國。而讓這事發生在所羅門王身故之後。

可是，所羅門王真是「色令智昏」嗎？有一個沒有寫在《聖經》上，但我認為相當可信的說法是這樣：所羅門王娶異國嬪妃，是為了藉由「政治通婚」消弭族群紛爭與緊張，製造區域安定和諧，這則完全能符合《聖經》裡所形容的，他所擁有的睿智。而如果以現代人的觀點來看，尊重配偶的宗教信仰，更完全不應該是遭到非議之事，甚至應該是理所當然的和諧相處之道。當然我認為教徒應該不會接受這個說法，但如果這個說法為真的話，那麼上帝賜給所羅門王的過人「智慧」，很諷刺的讓他背叛了對上帝的「情感」，那我們是不是該檢討一下「智慧」的價值呢？

我始終認為「情感」是比「智慧」更高等的東西。誠如這世界已經

積極地發展「人工智慧」，但是絕對沒有科學家有膽子宣稱他已經做出了「人工情感」。當我們決定要不要做某一件事情的時候，我們都在做所謂的「決策」。包括所羅門王的故事當中，他必須「決策」該把孩子判給哪一個母親，只是他用「智慧」得到了更多可以讓他做出正確決策的資訊。而在最後，所羅門王也必須透過「決策」來決定自己的嬪妃還是上帝排在優先的順位。而我們以「決策」來舉例的話，人工智慧可以透過大量案例的學習，來找出「足以影響決策的數個關鍵因素」，並且依照過去的成功經驗，來教導人們在面對這些關鍵因素的時候要怎麼選擇最佳方案。

但如果延伸這個比喻的話，則我會這樣定義「情感」：如果這些關鍵因素還是太多太雜而且互相抵觸，而且你無論如何必須在有限的時間內作出反應，並無暇對它們作通盤分析的話，那麼這麼多關鍵因素當中，你只能「選一個視為最重要」的時候，你要選什麼？這時就只有「情感」能告訴你了。

在「高富帥」或「白富美」的單純思考之下，哪個又作優先考量？

淺談決策樹分析

　　既然我想要論證情感是高於智慧的東西，而且也提到了智慧常常是用來幫助我們做決策的。那我們簡單的來聊聊人工智慧是怎麼做「決策」的吧。有種東西叫作「決策樹」，它是人工智慧如何從「大量的參考案例」學習「決策」的經典模式，也是我們第一次接觸到所謂的「監督式機器學習」。什麼是監督式機器學習呢？就是提供電腦非常多的「實際案例」（正式的名稱叫作「訓練樣本」），讓它發掘案例背後的「潛規則」，而達到某種「預測」的目的。這麼講實在太抽象了吧，請且慢摔書，筆者用一個最簡單的例子讓各位讀者明白，那就是：擇偶。

　　筆者喜歡戲稱，許許多多的成年人們活在一個不說實話的世界，尤其在擇偶或求職這樣的敏感議題上──因為說出了真話，你就掀出了自己的「價值觀」，而這價值觀常常會變成別人論斷你的依據。比方說喜歡正妹是男生的天性，可是讓人知道你擇偶只看外貌的話，我相信很多人會立刻無法承受他背後流竄的批評諸如：「這個人好膚淺！以貌取人！」同理，我們看到許許多多的女明星對擇偶一事充滿了矜持，對自己的感情狀態保密到底，並且對外頭聲稱自己眼光不高，但最後就是毫不意外地嫁了一個身家上億的富二代…可是，擇偶這件事情背後就是牽涉了血淋淋的「普世價值」，高富帥或是白富美看似是俗氣膚淺的表象，但是沒有人能否認擁有這些條件的人通常是「擇偶勝利組」。

那麼，怎麼戳破一個人在擇偶上的口是心非呢？（事實上筆者並不鼓勵去戳破這種事，只是為了解釋案例方便），這實在太簡單了，不管一個男士怎麼宣稱他如何地在尋找靈魂伴侶，只要看他頻獻殷勤的對象是不是都長得像第一名模林志玲一般漂亮就可以明白他有沒有在說謊了。精確的說來，應該是：要了解一個人擇偶上的喜好，最直接的方法就是找出這個人喜歡的、交往過的對象，並且從中找出「共通點」來加以觀察。如此一來，他的欣賞對象名單，就會是我們所謂的「訓練樣本」，而這些訓練樣本所擁有的各種條件及特質（如：外貌學歷收入），我們稱它作「分枝變數」，而最重要最重要的是，我們會定義唯一的一個「目標變數」，目標變數只有兩種可能，就是「我的菜」及「不是我的菜」。我們給定的許許多多訓練樣本，都標記了「我的菜」及「不是我的菜」這樣的標籤。監督式機器學習的目的就是進行「預測」，也就是說，在未來的任何一個時間點，出現了一個異性，我們只要提供這個人所有的分枝變數（也就是這個人的外貌、學歷或收入），電腦就有辦法預測「這個人是不是我的菜」。

也許各位讀者會覺得還無法把這兩件事情聯想在一起：為什麼「擇偶」是一個「決策」問題？但望文生義，「擇」字就是「抉擇」啊！當我們在作「選擇」與「不選擇」的決定的時候，它已經隱含了決策的味道。我們先找出了我們用來擇偶的關鍵因素之後，還要再決定它在你心目中的「重要順序」，這就是我們所要講的「決策樹」的強項。不過，這個例子寫到這裡，各位讀者們一定會皺起眉頭說：「你明明說是擇偶，卻只列出了完全現實的條件，這不叫擇偶，這叫配種！」呢，是的，請先別急著痛罵筆者，我有埋梗，所以這個例子是故意這

樣舉的。我們先往下看吧。我們假設我們拿了一張表去給一個女孩子或是男孩子填寫，而甲/乙/丙這些編號只是舉例，事實上它們有可能代表的可能是真實世界的男神或是女神們。而他們的收入、外貌、學歷就可以視為三個「分枝變數」，而是否被那個填表的人欣賞，則稱為「目標變數」（因為這是我們做決策樹「最想要理解的目標」）。

樣本編號	收入	學歷	外貌	欣賞？
甲	高	高	帥/正	是
乙	高	普通	普通	是
丙	高	高	普通	是
丁	普通	高	帥/正	否
戊	普通	普通	帥/正	否
己	普通	高	普通	？

　　在真的開始了解決策樹之前，我們先來做幾個「直觀」的討論：比方說，編號甲完完全全是壓倒性的「人生勝利組」，如果有個女孩子不欣賞這樣子的男神，那就表示她並不關心收入學歷和外貌，這是有可能發生的喔！比方說她要看「個性」。但這就反應了這個表格設計得不好，因為它遺漏了「很關鍵的決策因素」。而其實看過了甲乙丙三個例子以後，各位讀者很有可能會猜測，這個作選擇的人很重視對方的收入。因為「收入高」和「欣賞」幾乎都是一起出現的，亦即我們會認為它是高度正相關。而這個填表人和一般普世價值一樣，都重視「顏值」，但是光帥或是光正是不行的，有愛情也要有麵包，所以你看到「戊」被打槍了。

　　我們剛剛提及了，決策樹的厲害之處，就是它甚至能夠分析你

「不夠了解自己」的部份。如果各位讀者設想自己是那一個「填表人」的話，我們通常都只能舉出現實生活當中，我們所能欣賞的特定對象，也就是提供訓練樣本。可是在這些欣賞的對象背後所具備的優點，我們卻會覺得那些東西是「魚與熊掌」，這時候卻可以告訴你你該從魚還是該從熊掌開始作篩選。決策樹的真正演算法細節不應該留在這本科普書籍討論（如果各位讀者有興趣的話，它是用資訊理論當中的「亂度」所決定的），因此我打算直接公佈結果，電腦依據甲到戊的訓練樣本，有可能會畫出這樣的一顆決策樹：

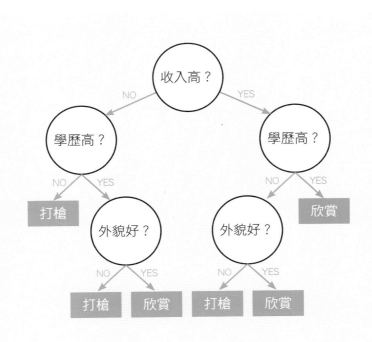

於是各位讀者就發現了，這個填表人在擇偶的第一關要看「收入」，而第二關看「學歷」，最後才看「外貌」。如果有了這樣的一棵決策樹來描述一個人在擇偶上的喜好，我們就能反過來利用它。（當然，前提是你要能拿得到這樣的資訊）比方說，我想要追求這個填表的女孩子，我就可以看看我在她的心中「有幾兩重」，從而「預測」一下她有沒有可能喜歡我。換言之，我就是那個「己」啦！雖然女孩子沒有真實去標記她對「己」這個人的喜好，但是我們有了這棵決策樹以後就能「猜」出她的喜好。

　　但是決策樹有沒有可能會錯呢？答案當然是肯定的，我們剛剛已經提到了一個很直覺的觀點：我們可能根本就漏掉了非常重要的「分枝變數」。此外，在這個「過度簡化」的例子當中，筆者也必須強調五筆訓練資料是過少的，它就像統計學上所說的取樣太少而沒有代表性一樣。

　　而我們為什麼要談決策樹？決策樹是一種非常具有代表性的人工智慧，它可以被拿來製作「專家系統」，比方說上頭這個就是一個具體而微的「我追不追得到林志玲」的專家系統（而它可以預期為電腦經銷商帶來非常大的收益，不只是因為人人好奇這個問題的答案，而是大家使用了這個專家系統以後，可能都會傷心地摔電腦，於是經銷商又可以賣一台新的了！），經過一連串的填表與問答之後，由電腦告訴你一個「基於訓練樣本的預測結果」。在真實世界的專家系統當然往往遠比這個要複雜，但是它告訴我們任何人類以「智慧」所達成的「決策」過程，都可以用這個模型來描述：也就是你要不要做某件

事的背後，有幾個關鍵的考量因素，而有時候你自己都說不上來這幾件關鍵因素的優先順序，但是只要你有足夠的「訓練樣本」的話，電腦也許可以把它算給你看。

然而「智慧」與「情感」的差別就在這裡：我們怎麼形容情感呢？我們常會說「任性」是一種情感，也就是「連我也說不上來為什麼，但我就是一定要這麼做，我的心底才能夠感到舒坦」。而其實「你說不上來為什麼」這件事，可能代表你的心底有一棵非常非常複雜的決策樹，你要做出一個決定的時候，背後可能有千千萬萬個理由。而你做了這個決定一定有非常矛盾的地方（就像訓練樣本有可能發生衝突一樣），但你卻顯然知道你要怎麼決定，雖然你一點都說不上來，可是它可能來自你從出生到現在無數的經驗，不管是你記得的還是你不記得的，而，那就是你「生命的訓練樣本」。換言之，如果智慧的層次是「分析利害」，則情感是更高等的「擇善固執」。人們常常沒有辦法解釋自己的「情感」，是因為它是一個極為高等的黑箱，建立在無數的經驗與直覺之上，但是情感和智慧一樣，不但可以，而且也應該被訓練。而人們的情感常常會做出不合乎人情或是常理的決策（比方說愛不到就把對方殺了），以決策樹的角度來看，你可以解釋為你的情感並未得到正確而充份的訓練。訓練樣本是錯的，那麼訓練成果當然也就是錯的。

對啊，就像筆者把「擇偶」用一棵決策樹所表達出來，而且還故意為它設定了極其現實的擇偶條件，所有看倌都會覺得：如果天底下有人這樣擇偶的話，這個人簡直太現實了！就算他因此娶得天仙，或

是她因此嫁入豪門，我都要把這個人看衰到不行！但是，如果各位讀者膽敢把你的終身大事託付給冷冰冰的「智慧」來決定，「做出獲利最大的選擇」可正是智慧的專長，但是它忽略了許多真實世界當中的決策因子，比方說如果我要在裡頭加入一個分枝變數叫作「個性」的話，這棵決策樹會瞬間合理非常多，但是難就難在我們根本無法完成訓練資料。因為「個性好」、「個性差」這種指標要怎麼量化？這一個訓練資料的欄位根本令人難以順利填寫。它不像「收入」「學歷」一樣，我們可以非常簡單的找到一個門檻植。像我們常會說人「面惡心善」，「刀子嘴豆腐心」，相反的也會有「口蜜腹劍」、「八面玲瓏」、「人前手牽手人後下毒手」…「個性」正是一個完全反應人的「情感」的分枝變數，而它裡頭充滿了主觀與矛盾，這又像我們都聽過一句成語叫「嫉惡如仇」，這句話原則上是正義的，但是每個人心中所認定的「惡」卻常常有不同。

但是回到真實世界，如果我們完全用「情感」來擇偶，那個就叫作「一見鍾情」，就像電視劇裡常常會出現「魯蛇抱得美人歸」，而且美人完全不計較魯蛇的各方條件差勁（這樣的片子當然是為了取悅魯蛇市場！），而我們又必須苦笑著說，通常那也是不可靠的，我們所說的「擇偶的現實條件」通常也都在我們的心底佔了一個不輕的比重。但是筆者已經在前文提到「如果情感沒有幫人做出正確的決策，那並非情感劣於智慧，而是『情感』這樣的直覺沒有經過正確而充份的訓練」，而「情感要得到正確的訓練」這件事情事實上是非常困難的，除了漫長的人生經驗之外，也倚仗與生俱來的同理心。而很多時候，坊間充斥著某種粗糙的勸世文章，動不動就要人無條件的「以智

慧來放下情感上的執念」，但是看在我的眼裡，會這麼「催眠」受傷者的人心態都相當可議，講白了就是「別人的囝仔死不完」，因為對於這些人來說，如果身邊的親朋好友可以在受創或是吃虧的時候都主動選擇「放下」的話，他們可以少掉很多麻煩。這就像如果白色恐怖時期的受難家屬全部都選擇「放下」而一聲不吭的話，執政者就可以高枕無憂，也不需要處理族群對立與仇恨，那就會製造出天下承平的假象。換言之，勸別人放下多半是為了表面的和諧，但是事情一旦發生在這些勸世的人身上時，他們常常又變得無法姑息。於是他們所宣稱的「智慧」馬上被野火般的「情感」打趴而不攻自破。

　　但是要讓智慧凌駕於情感之上而解決情感當中未解的難題，就像要讓契約凌駕於法律，或是要讓法律凌駕於憲法之上一般，是沒有道理的。舉個最簡單的例子：如果你的至親臥病了，智慧的權衡利害通常會算出這麼一個結果：要你「放下」他，以免成為自己的重擔及包袱。可是情感卻能教導你不論如何傾家蕩產、付出多大的代價也要想辦法讓他好起來。但是我們從來不會也絕對不會嘲笑後者愚笨，相反的我們會敬佩後者這樣的善良並且起立鼓掌，更拿出最大的同理心來幫助擁有這種價值觀的人。

　　對學術及產業界的事情更是如此，人類有多少文明的碩果是建立與成就在對「情感」的擇善固執上？對於遇到瓶頸的研究，或是碰上資金缺口卻有無限前景的投資事業，最「智慧」的抉擇也是把它們統統「放下」啊。換言之，當人們的情感表現出了比智慧還要偏差的決策，或是人們解釋得了智慧卻解釋不了情感之際，人們不應該因此非

議情感的價值低於智慧，卻應該檢討情感是否受到了正確的訓練。或者說，「放下」這個詞彙並非沒有其價值，但是放下必須「由衷」，也就是由你的「情感」來決定，而不是被「智慧」給「假性說服」（比方說被欺負了而選擇姑息與隱忍，並非衷心諒解，而是因為投鼠忌器，這是最典型的例子）。

　　回到本章開頭舊約《聖經》裡的故事，這故事之所以讓我動容，也正因為「情感」和「智慧」的交鋒，高下與格局立判。上帝賜給所羅門王的「智慧」，諷刺地讓他背叛了對上帝的情感。可是上帝依舊以「情感」顧念了所羅門王的父親大衛，於是在無限的痛心疾首當中仍是不讓所羅門王見到亡國的光景。情感與智慧，到底哪個高尚偉大呢？答案自然不言而喻。但它也許也正預言了：我們當今所擁有的文明與科技，亦即智慧的結晶，正在使我們遠離自己應該最珍視的情感。「感情用事」其實該是個正面詞彙，但前提是人們必須擁有正確的情感而能擇善固執吧。

感情與智慧也都沒辦法處理的衰事：
太史公的《報任少卿書》

　　我們之前已經談到了智慧和情感的高下之別，但是我們也該要看看，在更多的場合，這個世界亦充滿了感情與智慧都解決不了的難題，尤其，為什麼「感情用事」會被這麼多人所非議，當然是因為感情帶有負面能量的場合更多。我們舉個例子，來聊聊一個很可怕但卻應該要被理解的感情主題，叫作「報復」。

　　人為什麼想要報復？筆者覺得這個問題實在簡單到不行，而且用什麼理論解釋都能說得通。比方說我們用達爾文的演化論來闡釋的話，「不懂得報復的物種全部被『天擇』淘汰了」，在弱肉強食的世界裡，掠食性動物非常懂得「柿子挑軟的吃」，但是在智慧生物（直接說是「人」吧）的世界裡呢？這條規則仍然適用，只是人們擺明都想欺負別人（我指的欺負不只是「霸凌」，還包含了任何形式的不公正，比方說壓榨勞力），卻都懂得「欺人不可太甚」，並且在被欺負者快要爆發的邊緣懂得給予適當安撫以維持和平的局面及假象，那是因為「投鼠忌器」、「山南山北相堵會到」的因素。但我會說人們非常懂得「測試彼此的底限」，那就像殺價行為一樣，殺價方總是都想在對方「翻臉不賣你」之前最大化自己的利益。

　　筆者要討論這個主題並不是要鼓吹仇恨，但是很多時刻我們不妨在四下無人的時候捫心自問：當我們很阿Q的宣稱自己「寬宏大量不與人爭」的背後，我們是不是其實真正害怕的是糾紛引起報復？事實上筆者相當認為我們社會制約力的形成，與「己所不欲勿施於人」

的精神發揚背後，道德體系有非常大的一部份是因為「懼怕復仇」所形成的。在筆者的眼中，「法律」其實在某種程度上是把「復仇」的機制收歸給公權力執行，並且賦予它一個美名叫作「制裁」，但是它卻有兩個莫大的好處：第一個是人們在自己執行復仇（俗稱「私刑」）的時候很難掌握「比例原則」，於是更容易導致「冤冤相報」。如果把復仇的執行權力「收歸國有」，某種程度上受到懲罰的人將會失去復仇的明確對象，而應該被補償的受害者則不需要冒上復仇的風險落入冤冤相報的無限輪迴。而再者是受害者的心境也會得到某種與「復仇」對等的補償（雖然這未必是他要的）而容易將傷痛放下。

　　筆者想到一個有名的例子，念國中的時候，我曾經被任命為歷史小老師。不知道是不是那時候跟歷史結下了緣，因為國中時代筆者就立志將來不走文科，倒也不是說這小老師當得不甘願，而是很驚訝老師怎麼會找上一個對歷史沒志趣的人當小老師──多年之後，筆者發覺我的歷史老師真的很有「遠見」，因為我對歷史的興趣直到上大學後才開花（但沒結果），雖然真的沒有走文科的筆者仍是只用歷史來陶冶性情，但歷史真是太有趣了：「以史為鏡，可以知興替」，如果和本章節的主題作結合的話，「歷史」正是人類文明長河當中最寶貴的「訓練樣本」！只是，人們從不在歷史當中學到教訓，或是學了教訓以後仍是想硬幹，所以如果一個人歷史學得好，就可以在某種程度上的預測未來──因為歷史告訴我們：所謂的未來不過是被包裝而且重演的過去，所以感謝人類某種「與智慧全然矛盾的愚蠢」讓它變得可以預測。

筆者念國中時就對太史公司馬遷的歷史故事非常感興趣，不光是因為他完成了《史記》這樣的鉅著。太史公司馬遷的著名事蹟之一，就是他在受了宮刑卻忍辱而完成史記之後，寫下了一篇名垂千古的《報任少卿書》說明自己寫史記受到的委屈，我在念高中的時候，《古文觀止》裡有收錄這篇文章，但是國文老師卻說《報任少卿書》只是參考文獻所以不會考，那時頑皮不用功的我看到它又臭又長當然也被嚇昏，也就真的不念了。

後來有一個機緣詳盡地讀完《報任少卿書》時，筆者已經比起國高中的時代有更多的人生經驗，而讓我有更多「於我心有戚戚焉」的感觸。不過最重要的一點是：它和自己原本想像中的風貌簡直可說是大相逕庭（好在現在懂得引用之前要好好求證作功課，不然就糗大了！），從前由斷章取義的國學常識當中以為它是一篇文情並茂的陳情文，可是配合整個歷史事件來對照咀嚼，才明白它竟然是一篇「基於消極報復而決定見死不救」的酸文！（當然，這是基於筆者的解讀，下詳）誠如國文與歷史課本所推薦的，《報任少卿書》寫下了司馬遷撰史記的心路歷程，所以極具歷史價值，但是它也說明了司馬遷就算完成了驚世鉅著，卻還是有凡人的喜怒哀樂。所以我們花一點點篇幅來了解報任少卿書的始末吧：

任安（字少卿）「原本」是司馬遷的朋友，在漢武帝時代因為一件歷史公案「巫蠱之禍」被牽連，而被打入死牢，結果他多次寫信向司馬遷求救，希望自己的故友能夠代為關說求情（在那個君主專制的時代，這偶爾是可行的），司馬遷一直沒有回信，直

到任少卿快被殺頭時才回了這封《報任少卿書》，如果讓筆者用一段簡短的白話來濃縮摘要這篇千古鉅著的話，我會這麼講：

「我先告訴你我寫史記的心情是…（中略），而我為了史記而選擇用宮刑保命，個人認為這其實是比死刑還要嚴重的屈辱，但我是為了寫完《史記》才忍辱，而卻不是怕死，那既然我都沒在怕死了，你怕什麼？你現在要我為你即將被殺頭而求情，講難聽點，那我過去受宮刑的時候你在哪裡？你有為我挺身而出嗎？既然沒有的話，那你現在有什麼資格怨我？去死吧！」

當然最後一小段是筆者依後人的考據加上去的（後人普遍認為司馬遷沒有營救原本和他交情很好的任少卿，卻講了這樣的話，是在「報復」當時他被宮刑時這位朋友也沒相救相挺，於是友情破裂），但我認為相當可信，而且這句話才是《報任少卿書》裡從頭到尾沒有明講卻不言而喻的「潛在語義」，因為司馬遷會被漢武帝打入死牢是因為替李陵挺身辯白，而司馬遷與任少卿的交情比起司馬遷和李陵其實還要好，所以司馬遷若當初願意為李陵這個交情普通的同僚「仗義執言」，卻不願意為和他深交而且是倒楣被判死刑的任少卿再冒一次險的話，背後的原因是很耐人尋味的。不過如果公平的把司馬遷當時的可能心境統統列出來的話，我會認為見死不救的原因有三：

1. 愛莫能助：《報任少卿書》裡有提到《史記》還沒完全收尾，因此司馬遷希望任少卿能以「同為男人的立場」明白男人只有一個生殖器官，諒解他已經沒有二度接受宮刑的可能性，而既然《史記》沒寫完不能死，太史公當然不方便以死相救。

2. **心灰意冷**：既然司馬遷救李陵是仗義，理論上那他更該救無辜的任少卿，可是當他發現當好人強出頭的下場居然是遭到無情去勢而且竟然沒人敢做同樣的事仗義救他，所以司馬遷再也不要當好人了。

3. **懷恨在心**：司馬遷期待任少卿在他被判死刑的時候也應當挺身相救，卻沒有看到這件事情發生，害他只好用宮刑來贖，所以太史公火大了，友情就此宣告破裂。

　　而其實太史公的朋友任少卿也堪稱倒楣透頂，因為他惹上殺身之禍的原因是被漢武帝時代的大冤案「巫蠱之禍」所牽連，簡而言之就是原本雄才大略的漢武帝晚年變得迷信猜忌，有人想要陷害太子，於是密報太子寢宮裡頭挖出草人，是他詛咒自己老爸而意圖篡位的證明，於是太子被迫起兵和自己父親骨肉相殘，但是太子「點名」要任少卿幫他打皇帝，而任少卿按兵不動，最後被以「坐觀成敗」論罪。可是這種情況之下，不管任少卿怎麼選，不是死路一條就是遺臭萬年，因為可能的決策和導致的情況只有以下五種，這是不需要「決策樹」幫忙，常人都能料想到的結果：

1. 如果任少卿幫太子而太子打贏，就成了協助篡位的共同正犯，會留臭名。

2. 如果任少卿幫太子而太子打輸，那就是謀反，叛徒當誅。

3. 如果任少卿幫皇帝而皇帝打贏，就成了濫殺無辜的共同正犯（因為太子是被陷害的），會留臭名。

4. 如果任少卿幫皇帝而皇帝打輸，那太子當初要他出兵幫忙打

皇帝他卻當廖北呀（爪耙仔），叛徒當誅。

5. 如果任少卿誰都不幫，那就叫企圖八面玲瓏的牆頭草，不管是誰贏最後都要來找他算帳，當誅，而這也是真實世界當中任少卿所做出的選擇。

總之中國古代的士大夫是要重名節的，就像當時司馬遷的例子：死刑在某些情況下可以用宮刑來贖，但沒人願意。所以「遺臭萬年」並不是個比死要好的選擇，衰小的任少卿也許是這麼想的吧，被點名的那一瞬間他一定覺得「干我屁事」，但也知道自己離死不遠了⋯⋯我們假設在漢朝有電腦和決策樹的話，我想任少卿最多只能用專家系統評估皇帝與太子誰會是最有可能打贏的一方，但是成功保命的背後卻不一定指向榮華富貴。至於司馬遷呢？不管他見死不救的心情是基於上述哪一點，我都覺得見死不救的事實只是反應了他的人之常情，甚至我認為第三點的可能性最大，而且如果是真的話，太史公並不應被苛責。因為所謂的「友情」本來就要基於「有來有往」的對等互動。

話說回來，這讓筆者想起從前歷史老師（還是國文老師？）還講了個稗官野史：《報任少卿書》當中有「藏諸名山，傳之其人」一句，而後來史記的卷冊數量和太史公在《報任少卿書》裡所宣稱的相較起來，還真的少了幾本，讓人不禁遐想是不是真有那麼幾卷被太史公「暗坎」起來藏諸名山？（推斷大概是他咒罵漢武帝不由分說判他死刑害他只好用宮刑來贖的事，如果在他活著的時候就流出去，那他這下可要連腦袋一起掉了）可惜的是司馬遷沒有留下線索，所以後人應該是找不到了（過了兩千年，除非大中華境內有類似保存「死海古

卷」的天然環境，不然那些卷證鐵定也灰飛湮滅而永遠亡佚啦）。但我認為這稗官野史的可能性不高，真正的原因應該是司馬遷宣稱他在寫《報任少卿書》的時候《史記》還沒收尾，在這種情況下章節發生變動是非常有可能的。

　　不論如何，仔細讀過《報任少卿書》後別有一番體悟，原來太史公也是性情中人。我們提及了情感與智慧的主題，套在這個故事上的話，智慧完全解決不了任少卿的困境，只能讓他選擇死法，或是遺臭萬年的方式，而對於太史公呢？我想這個問題更有趣，他堅持要寫完《史記》而寧可接受腐刑之辱的「情感」就是我所認定的一種「高尚」，亦即擇善固執。可是在他能夠在大事上堅持高尚的情感與格局，他對於自己和任少卿的友情和寫完《史記》這事一比，他的處理方式就顯得非常的「性情中人」了。我們可以說，太史公也是以「智慧」判斷出自己並沒有營救任少卿的能力，但顯然太史公發現了他們之間的友情其實脆弱到並不足以讓他「放出情感」，而做出不顧一切的選擇。我還是會主張情感是比智慧更高尚的情操，而當人們要以智慧而不是以情感來抉擇和另一個人的關係的時候，事實上就表示了這個人在他的心中並不是那麼夠份量，但我會戲稱這連「絕交」都稱不上，因為交情正是比智慧高尚的情感，人們以智慧來決定人際關係的時候，通常表示友情還尚不存在。

後記與延伸閱讀

　　「決策樹分析」是「資料探勘」裡經常使用的模式，對於決策樹背

後的理論基礎有興趣的讀者，除了網路上有大量的資源可以參考之外，筆者相當推薦清華大學簡禎富老師及元智大學許嘉裕老師所合著的教科書《資料挖礦與大數據分析》[15]，這是寫得非常深入淺出而適合自修的一本資料探勘書籍，筆者憑這本書透過自修而得到了資料探勘的基礎知識。

別再批評別人感情用事了，你知道情感是比智慧更高尚的東西嗎？

《易經》是超文明的跡證？
二進位不是給人看的

……如果伏羲氏的時代就存在「專利」這種東西的話，他以「二進位的表達」來申請一項專利，我相信專利局的人一定會認為他是個不折不扣的蠢材，但是他的創意卻要在三千年、五千年後，有了電報與電腦的今天，那些不知道已經投胎投了幾輪的專利局業務員才會摸摸鼻子知道不應該隨便恥笑別人的創意。

我們先來看一個作者已經亡佚的古典笑話，當成本章故事的開場白：

從前從前，有個富有的員外，他替他的傻孩子請了一個家教老師，希望老師能教他的孩子認字。第一天，老師在紙畫了一條橫線，說：「這是『一』。」第二天，老師在紙畫了兩條橫線，說：「這是『二』。」到了第三天，老師仍在紙畫了一條橫線，說道：「這是『三』。」

那個孩子於是說：「夠了夠了，先生，你不用再教下去了，我全部都懂了。」於是他請自己的爸爸把老師給辭退了，理由是「他已經識字了」。員外大喜過望，覺得自己的孩子是天縱英才，過目不忘，於是就把先生給辭退了。有一天，員外的好友作壽，他想著炫耀的時機終於來了，於是就叫自己的兒子給這好友題一幅對聯祝壽。

但一個時辰過去了，兩個時辰過去了，員外開始感到焦躁不安，磨個墨寫個字有這麼費工嗎？他決定進書房看看出了什麼事。結果，他看到他的兒子滿頭大汗地跪在地上，紙拉得長長一串，兒子看到員外，不禁抱怨道：

「爹！你的朋友為什麼偏偏要姓『萬』？我從早努力到現在，連一千畫都沒有寫到呢！」

雖然這個笑話只是在告誡人們要謙卑向學，不要因為過於簡單的歸納法就以為自己掌握了知識之浩瀚。但是這個笑話說明了，如

果世界上有一種東西叫作「一進位」的話，會發生什麼樣的事情。可惜這個笑話並不符合真實世界的情境，因為「一進位」這種符號的表現方式無法用來表達「連續的訊號」。所謂「連續的訊號」就像我們講的一段話，或是一個句子。如果訊號是連續的，則訊號與訊號之間必須存在一個間隔，就像字與字之間有邊界，英文單字之間總是有個空白是一樣的道理。所以，「要表達一串有意義的連續訊號，至少需要『兩種』符號」，這就是二進位的基本概念。

這樣講好像還是太難？回到老祖宗的話，我們聽過「太極生兩儀，兩儀生四象，四象生八卦⋯」對了，這是《易經》。以周文王所制定也發展成熟的後天八卦而言，一個卦有六個爻位，每個爻只有陽爻和陰爻兩種可能，這就是很標準的「二進位」。我們也可以算出，如果一卦有六爻，一爻有兩種可能，六個爻位就會有二的六次方，也就是六十四種可能組合。

正確傳遞訊號的初衷

摩斯電碼與聽風者

　　可是，當我們了解了二進位以後，至少在二十世紀之前，應該沒有人會認為二進位是一種「聰明」的符號表達方式——因為人腦可以記住的基本符號的數量遠遠超過兩個。相反的，將明明很複雜的訊息打散為「簡單訊號」的組合非常容易造成極大的理解障礙。我們來回顧一下經典軍教片《報告班長》裡頭的「收心操」片段就可以知道：

　　「從現在開始，班長只說一次，一立正二臥倒三稍息四向後轉五向右轉六向左轉，做錯的自動伏地挺身十下，四！」

　　然後你就看到有人向左轉有人向右轉有人立正有人稍息，於是超過三分之一的人在做伏地挺身了，對吧？所有當過兵的大概都被這樣整過。

　　那麼人類為什麼會發明二進位？這真是個非常、非常、非常有趣而且令人魂牽夢縈的問題。筆者會說：二進位一開始是為了訊號的「正確傳遞」而被發明出來的。我們舉個最簡單的例子，人類還沒有開始使用電腦的時候，其實就已經開始使用所謂的數位信號。記得嗎？在還沒有電話之前，這世界上曾經有一種東西叫「電報」。電報所使用的訊號傳遞方法叫作「摩斯電碼」（但原則上摩斯電碼不能算是標準的二進位，它雖然只有長音和短音兩種基本符號，卻有三種不同意義的空白），對了，電影《無間道》裡，梁朝偉和黃秋生就是用摩斯電碼互相溝通的。是不是覺得好帥？筆者在當兵的時候，非常羨

慕可以抽中「譯電士」的預備士官，因為我覺得當兵那麼浪費時間，至少也該學個格鬥技或是摩斯電碼這種高難度而且酷炫的專長，但「假設」筆者有這樣的幸運抽中譯電士的訓練，說實在筆者也沒有信心真的能夠順利結訓。筆者在當兵的過程當中已經見過許多被通信學校退訓的同袍。能夠正確的接收並且解譯摩斯電碼需要極好的聽力，各位讀者如果有看過尼可拉斯‧凱吉的《獵風行動》或是梁朝偉的《聽風者》電影，大概就可以知道為什麼。

好了，那麼我們再講回來，原則上，摩斯電碼只有兩個「用於表達」的基本符號——長音跟短音，為什麼筆者要強調「用於表達」呢？想必各位讀者已經猜到了，就像故事一開始的「萬先生的笑話」一樣，除了用於表達的符號以外，摩斯電碼還有三種停頓符號，就像樂譜裡的四分休止符、二分休止符和全休止符一樣，它代表字與字、詞與詞、句與句間的空格。那各位讀者會不會不禁好奇起來了呢？既然停頓符號可以有三種不同的長度，為什麼表達符號不能也有一個「中音」還是「超長音」？來，我們不要講到摩斯電碼那麼遙遠的東西，我們講我們人手一台的iphone智慧型手機就好。大家應該都知道，iphone的線控耳機的中間那個按鈕，在聽音樂時有個妙用。按一下是暫停/開始，「飛快的按兩下」是快轉一首歌，「飛快的按三下」是倒帶一首歌。可是筆者對這個設計非常的不以為然，因為筆者常常會覺得「這首歌太好聽了，我還想要再『安可』一次」。可是呢，事與願違，「飛快的按三下」這件事對筆者而言，再怎麼訓練，我的執行成功率都不到一半（而這就像是拍電報的動作！）。但是前進一首「飛快的按兩下」筆者卻能做到將近百分之百的成功率。

　　這說明了什麼呢？訊號簡單是為了能夠「萬無一失的傳遞和解讀」。我們剛剛提到為什麼摩斯電碼不在「長音」和「短音」之間加個「中音」？如果「中音」真的加上去了，你先不要講「拍錯」，你能保證不「聽錯」嗎？長音和短音的差別很大，但是長音和中音的差別就相對為小了。（記得《聽風者》裡的劇情嗎？梁朝偉因為聽錯了摩斯電碼，因此害死了周迅）

　　而緊跟在摩斯電碼之後，二十世紀中期，人們進入了資訊時代，真正的「電腦」終於被發明了出來，人們首先利用真空管，再來進化到電晶體，來實踐電路當中的「邏輯閘」，電腦為什麼也用二進位訊號來構築？正是因為在電路裡流通的電流，被設計成「接通」與「不接通」（實際上則是用電壓的大小來判定），那就像一個燈泡只有「明」與「滅」兩種狀態，因此這樣的電路變成了可以搭載與傳遞二進位訊號的利器。

　　好，我覺得講到這裡各位應該愈來愈難想像了。那我們先不要講「電腦」，我們講回世界上所公認最原始的「計算機」，你我一定都看過，它叫作「算盤」。算盤的設計是人們所熟悉的十進位，可是如果各位允許筆者「強辯」一下的話，我會說算盤上頭也帶了二進位——算珠撥上去的時候叫作「1」。而算珠撥下來的時候叫作「0」。我們並不能說：當我把算珠「撥一半」來代表「0.5」（而且這麼做的話會妨礙到下一顆算珠的動作）。但我們假設算珠可以「撥一半」的話，我保證使用算盤的人錯誤率會大幅提升，因為他們常常眼花看錯，別鬧了，就算算珠只有0和1兩種狀態的時候，人們都有可能「數」錯算珠

的數量（小時候珠算算錯被老師打過手心的請舉手！），更何況我們還在算珠的「狀態」上建立更多規則呢！

　　而筆者剛才也提到了另一個重點：嚴格來說，算盤只能夠被認定是「輔助計算」的機器，但它並不是「執行計算」的計算機。因為算盤上頭的算珠數量，要靠打算盤的人去數，而且牢記在心底！真正的計算機應該是「當我把加數及被加數丟給你以後，它就要「精確無誤，萬無一失」地把正確答案傳回給我」。這又是怎麼辦到的呢？於是我們要談「二進位」的第二個妙用了：它不只保證了訊號能被正確的傳遞，而且它還非常精巧地造就了「電路設計上的簡化」！

先苦後甘的電路設計——

全加法器的原理

　　來吧，我們來看看在「二進位」系統之下，我們認為應該屬於小學生的「加法」變得有多複雜。我們先來一個簡單的十進位個位數加法「13+9=22」，相信對於能夠閱讀本書的看倌而言，這已經是直覺加常識，可以用心算算出來的東西了。但是我想要各位讀者回想一下，你在小學的時候是怎麼「完成」這個計算的？來吧，我們呼叫出這個懷念的畫面：

$$
\begin{array}{r}
\boxed{\text{進位 } 1} \\
13 \\
+\quad 9 \\
\hline
22
\end{array}
$$

　　理論上，老師要你做直式運算的時候，一定會要我們把「進位」給寫出來（我相信需要列直式來做筆算的人應該也都無法省略進位吧…）。而我們長大了一點以後也會知道，進位只可能是0或1，因為在十進位系統下，最大的數字是9，而9+9=18，不可能會有進位是2的情形。事實上這點在任何進位系統都是有效的，因為我們接在來在二進位要使用了。在二進位下頭，我們要怎麼完成13+9的任務，並且算出結果等於22呢？由於十進位換算成二進位的方法非常普遍在書中（或google上頭）可以找到，我們就直接告訴各位結果了。13在二進位下是1101，而9在二進位下是1001，二進位的直式加法其實和

十進位並沒有什麼不同，只是我們要改一下「每一個單一位數」的加法規則，就像我們小學一年級一定從個位數的加法開始學，才會接著產生「進位」的概念。但是二進位的加法規則比十進位還要更簡單，它只有四條遊戲規則，我們把它列成表（專業術語叫作「真值表」）：

加數	被加數	進位	總和
0	0	0	0
1	0	0	1
0	1	0	1
1	1	1	0

我們為什麼把「進位」放在「總和」之前呢？為了讓它好讀。把進位和總和「連著讀」就是它的結果，和十進位唯一不一樣的只有1+1=10，對吧？

所以我們可以輕易地依照這個計算規則算出1101+1001=10110，驗算一下，把10110換算回十進位，它的確是22：

$$
\begin{array}{r}
\text{進位 } 1 \quad\; 1 \quad\quad\;\; \\
1101 \\
+ \quad 1001 \\
\hline
10110
\end{array}
$$

　　看到這裡，各位讀者應該已經會覺得有點奇怪了，好好的二位數與一位數加法，只是換到二進位系統裡頭，它竟然變成了四位數加四位數，而且運算成果還進位到了五位數！至少各位一定會想，這個算式用手寫起來就比較浪費墨水，而且比起我們熟悉的十進位還更不好理解，那我們為何要這麼費工？來，我們再把上面的圖加一點註解：

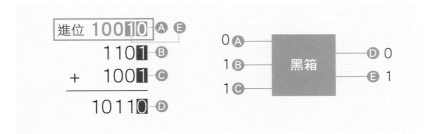

如果我們能做出一個組合電路，左邊有三條輸入電路A, B, C，而右邊有兩條輸出電路D, E，然後各位對照左邊的算式，如果我讓A線路代表「進位輸入」，B代表「被加數」，C代表「加數」，D代表「總合」，E代表「進位輸出」，各位覺得怎麼樣呢？還不夠有感覺？好，我們連「真值表」都重抄一次好了：

加數 (B)	被加數 (C)	進位 (A及E)	總和 (D)
0	0	0	0
1	0	0	1
0	1	0	1
1	1	1	0

這裡唯一比較麻煩的只有「進位」的解釋，我們要了解一個關係叫作「下一個位數的進位輸入（A）即上一個位數的進位輸出（E）」。但是看了上頭的電路，個位讀者可能可以明白：「如果我將A斷電，而B，C通電的時候，若我同時得到了D是斷電而E是通電的結果，那它就代表了二進位當中的1+1=10這個現象！」

　　再推廣一下，如果這樣的電路不只可以符合1+1=10，還能符合0+0=0，1+0=1及0+1=1，那麼它就可以完美地展現出「在二進位下，單一位數的加法規則」。好了，講到這裡我們終於可以把上圖的「黑箱」解開，它就叫作「加法器」（正式的名稱叫作「全加法器」，因為還有一種不計算進位的電路叫「半加法器」，但是避免混淆，我們只需要用到全加法器來解說所有的例子）！

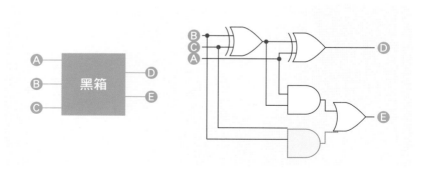

　　看著上頭加法器的實際電路圖，各位讀者們可能還是一頭霧水，裡頭那些奇形怪狀的符號叫作什麼？它叫作「邏輯閘」，可以控制電流怎麼通過，也因此才能夠做出我們所要的效果，也就是「A, B, C的通電狀態有所改變之際，D, E的通電狀態也會跟著改變，而且改變的

方式符合我們的期待」。雖然邏輯閘其實是個非常簡單的規則，但它就像十進位怎麼換算成二進位一樣，不在本書的討論範圍內，任何一本「計算機概論」（google「邏輯閘」可能更快！）的書都會提到它。（如果各位讀者是曾經準備過預官考試的男性朋友，相信各位對這些符號鐵定會感到會心一笑！因為計算機概論是預官的考試科目之一）但是我可以跟其他沒有「計算機概論」背景的朋友們保證：你們絕對也在成長的過程當中看過它，因為「邏輯閘」有另外兩個大家所熟悉的名字，我們剛剛已經不經意地提及了，它們叫作「真空管」或是「電晶體」。

　　而加法器的妙用在於：我完成一個位數的運算之後，想要更多位數？簡單，把許許多多的加法器串起來，讓上一個加法器的E接在下一個加法器的A，就搞定了！只是，這裡我們引進比較正式的電路設計符號，剛剛我們為了方便解說，就讓A,B,C,D,E各自代表「一位數」，但是加法器串接起來以後，我們需要更有系統的表示「不只一位數」的加數與被加數。比方說在上圖加加法式子裡，我們知道被加數是1101，而B只用來代表了它的第一位數，也就是1，現在我們若想要讓B代表整個四位數（而不只是它的第一位數），也就是1101，這該怎麼做呢？我們可以在英文字母之後加上一個中括號來顯示位數（對於有接觸程式設計的朋友一定會感到親切，它就是「陣列」，只是我們多用了一個數字來表達陣列的總長度，也就是數字的總位數罷了），它的表示方法與其用冗長的文字說明，還不如列個表在下頁給大家看個清楚：

意義	B的第四位數	B的第三位數	B的第二位數	B的第一位數
符號	B[3:3]	B[3:2]	B[3:1]	B[3:0]
數字	1	1	0	1
意義	C的第四位數	C的第四位數	C的第四位數	C的第四位數
符號	C[3:3]	C[3:2]	C[3:1]	C[3:0]
數字	1	0	0	1

　　於是我們就可以正式畫出串接起來的全加法器如下，基本上要完成這個四位數的加法會需要四個加法器。

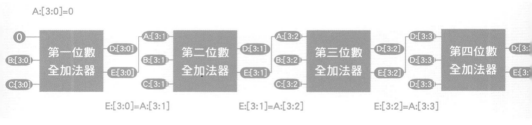

　　但是，看到這裡，各位終於看懂了「為什麼要使用二進位」嗎？我們從「加法器」的電路設計當中得到了啟示，這個電路只需要能處理真值表當中(0+0)(0+1)(1+0)(1+1)四種可能的組合，以正確地顯示它們的「進位」及「總合」兩個成果就好了，但如果是十進位的情況下，它應該會有10x10=100種可能的組合。那麼你覺得，要設計一組電路滿足四種情形簡單呢？還是滿足一百種情形簡單呢？我們換個方式問：看看上圖，可以滿足這條運算規則的加法器都已經長得這麼複雜了，各位讀者認為「規則數量爆增為25倍」之後，它的複雜度會爆增為幾倍呢？至少，如果是我的話一定會直接投降說我設計不出來，

哈哈。

所以我們終於得到了第二個結論：雖然二進位不是我們熟悉的數值系統，而且從十進位轉換成二進位的過程當中花了我們許多的力氣，甚至害我們沒有辦法直覺地理解數值中的涵義（有多少人一看到10110就能馬上說出22的？），但直到我們看到了底層的電路設計才會開始有倒吃甘蔗的美好感受。但我們話說回來了，「二進位」的妙用既然要在電路上頭才能一展所長，而讓人們知道「為什麼聰明如人腦，卻甘願放棄腦袋能夠記住的基本符號數量，去牽就一個難用的符號系統」，那麼我們再回頭來看《易經》，會有什麼樣的啟示呢？

據說伏羲氏創立「先天八卦」的時候，至少華夏地區的文明還沒有「文字」這樣的東西。那麼先天八卦裡的八個卦象，可以視同是華人最原始的文字系統囉？這麼講就太不可思議了，因為「八」個卦象根本不足以用來表述我們日常生活當中需要被描述的事件。周文王創設了「後天八卦」，將八個卦象重新組合成六十四卦，但我敢保證六十四個符號一定還是不夠使用。所以後來孔子註解《易經》費了那麼大的功夫，每個卦象的每一個爻位都再具有一個獨立的意義，這樣夠用了嗎？如果夠用的話，《易經》就不會是一門這麼困難的學問了。我們再來玩一下簡單的數學好了：現在被記錄在《康熙字典》裡的中文字大概有47000個，2的16次方為65536（是不是對這個數字很熟？65535是16位元能夠表達的數字的上限，因為要包含0，所以比65536少了1），也就是說，如果我們企圖用「一個卦象」來代表「一個中文字」的話，什麼八卦還是六十四卦統統不夠用，我需要

二五五三六卦也就是每卦十六爻才能夠表達完整的中文系統。而如果你硬是使用這種表達方式的話，「每個中文字」會介於十六劃到三十二劃之間（如果我們算作陽爻一劃陰爻是兩劃的話），好像還能接受？但我相信絕對沒有人能夠記得哪個字是哪個字，我們在故事一開始說的那個「關於給萬先生祝壽的笑話」好像又要惡夢重演了。但是我卻能告訴你：電腦真的就是這麼記的！你在螢幕上所看到的任何一個可以識別的中文字，在電腦的記憶體或是硬碟裡頭，只是一串由1與0構成的符號而已（好吧，因為它是有意義的，我們似乎應該稱它作「訊息」）。

那麼，我們好像應該反回去推想：到底是誰（如果真的是伏羲氏），又是為了什麼樣的目的，為易經的符號系統創造這樣的遊戲規則呢？有個很有趣但是也常常被人們忽略的小問題是這樣的：人們為什麼會發明及使用「十進位」？答案就在我們的十根手指上。

十進位方便我們用手指計數。那人們為什麼又會「發現」二進位？答案可能在我一開始討論的主題上，如果「人」要「發明」一種語言的話，他一定會發現他至少需要兩個基本符號來表達連續的訊息。可是發明和使用是完全不一樣的！記得電影《凌凌漆大戰金槍客》裡的瘋狂發明家「達聞西」嗎？他總是以發明不能投入實用的道具來娛樂大眾。這就像人們會漫無目的地佈下所謂「專利地雷」，任何微不足道的創意都可以申請專利，但是世上有多少的專利是「永遠不會被踩到的」？亦即，「發明」和「使用」是完全不同的兩件事。「發明不能使用的東西」是何其簡單。

　　二進位就是一個很有趣的例子，如果伏羲氏的時代就存在「專利」這種東西的話，他以「二進位的表達」來申請一項專利，我相信專利局的人一定會認為他是個不折不扣的蠢材，但是他的創意卻要在三千年、五千年後，有了電報與電腦的今天，那些不知道已經投胎投了幾輪的專利局業務員才會摸摸鼻子知道不應該隨便恥笑別人的創意。

　　可是，如果我們再換一個「浪漫」一點的角度去幻想一下呢？如果有人發明了看似不能實用的東西，而且它還被長遠的流傳下來，那麼有沒有可能是，那個時代的人根本知道「這個創意其實是可以被使用的」，只是我們遺失了它的用法？

我們的老祖宗真的都是笨蛋？──用狂想來揣測人類文明曾經毀滅過

我們先用簡單的小學數學來理解一下：根據維基百科的記載，「智人」（homo sapiens）的可考歷史大概有二十萬年，這是什麼意思呢？也就是，二十萬年前的人可能就已經像現代人一樣聰明了。首先不要談我對於人類歷史的理解正確與否，我們打個對折再對折就好：「假設」智人的歷史只有五萬年，也就是說，假設五萬年前的智人和現在是一樣聰明的，那你不會覺得很可疑嗎？

人類可考的「文明」，也就是我們歷史課本上所讀到的「有記載」的歷史，只有五千年左右耶！這表示如果「全世界的人一起集思廣益，互通有無」的情況下，大概只要五千年就可以做出電腦，飛上外太空。那麼「五萬年」是「五千年」的十倍，這表示如果五萬年前的人就和現代人一樣聰明的話，五萬年可以把我們現在從無到有的文明及科學「想通十遍」！那麼我們的老祖宗難道都是笨蛋嗎？還是因為他們都在鬼混？被蘋果打到時不曾想過蘋果為什麼會落地，看著月亮時不曾渴望能不能親自到上頭走一遭？寧可一輩子過著狩獵生活，不確定自己還能不能平安回家，卻硬是沒有發現人可以透過農耕來儲備糧食？總是用壁畫來記錄事情，卻不打算用有系統的符號來表達知識？

事實上，我們不能完全否定這樣的可能性，就如同現在的南美州叢林裡，或是印度洋的小島上，仍是存在長期與世隔絕的原住民，就像電影《賽德克·巴萊》裡描述的矛盾衝突一般，也許他們並非是不曾接觸文明的碩果，而是寧可保有野蠻的驕傲。人有可能主動拒絕文明，因為它亦帶來惡果。

　　但是另一種可能性則是指出文明早就已經經歷了循環。已經有愈來愈多的學者傾向於相信人類文明曾經毀滅然後又重生，就如同亞特蘭提斯的傳說一般。如果世界的文明曾經因為核子戰爭一類的大災難而歸零的話，這世界曾經擁有的文明不會「立刻地」被遺忘。但是過了一百年兩百年之後，也許世界各地的新生代就不會再被教育「地球是圓的」了。而我們普遍會稱這些失落的文明為「超文明」。反對超文明的學者則一致基於「沒有證據能夠說話」，可是這卻是非常正常的，如果超文明距今一萬年以上的話，至少就現代人的理解，世界上沒有任何「人造物」可以撐得過三百年。而如果《易經》是被公認最早使用的二進位，我會很大膽也很浪漫的推測，也許那個時代曾經存在過能夠解譯並且使用二進位的機械。（當然啦，一個「比較不浪漫」的想法是，這樣的器械可能不是電腦，而是占卜工具，比方說易經最正統的占卜方法叫作「蓍草起卦」，是用六十四根草去完成隨機分群並且計算餘數，再把過程當中的餘數對應到易經的爻位）只是，年代久遠之後，只剩下符號系統被傳承下來，而能夠應用這套符號系統的「超文明」卻被遺忘了。

　　如果《易經》可以被視為是超文明的破片的話，不知道會有多酷。那就像我們現在已經慢慢看到了不可思議的文物出土，像是著名的「巴格達電池」，「皮瑞雷斯地圖」等…，更別提全世界人有目共睹卻又無法解釋其工程奇蹟的埃及金字塔，以及精巧到總是僅以一面面對地球的月亮了。也許月球上的嫦娥從來就不是人們想像力的產物，而是被文明毀滅再重生之後的人們代代口耳相傳而發生扭曲的史實。也許我們手中所有的智慧，都不是「被發明」，而是「再發現」了！

05

只要學過高中數學就可以一窺搜尋引擎稱霸網路世界的奧秘？

——淺談資訊檢索

每天都有新的網頁「長出來」……而這世界上所有的網頁總共
出現了哪些詞彙，它們分布在哪一些網址，數量是多少？

這是一個風和日麗的午後。台北市立成功高中的一角，數學老師邵國城正在講台上努力地講解著，但是台下的學生們不經意地偷看著漫畫，打著瞌睡，甚至是偷偷用通訊軟體互相聊天，這並不是放牛班的光景，因為這個學校的學生的確有點小聰明，就算上課都在幹這些事他們照樣有辦法在大小考試拿到一百分。邵老師平常和學生相處融洽，被學生私下稱作「邵老大」，但也因此學生偶爾會和他沒大沒小一番。邵老師這一堂正在教授的課程是「向量」，在他看到居然有一條橡皮筋飛越了教室，引起了某個同學喊疼之際，他皺了皺眉，看看下頭的學生，停下來說道：

「喂，我知道你們都聽得懂，但是向量是很多科學運算的重要基礎，你們就算覺得它太簡單，至少也不該這樣漫不經心吧！」

「老師呀，是課本寫得太囉嗦了啦，內積這麼簡單的操作，有必要教這麼久嗎？重點是，我們只知道向量可以這樣操作，卻沒有老師教我們向量在真實世界可以拿來幹什麼，這樣的課本實在不合理啊！」

「就是嘛就是嘛，我將來拿到大學文憑進社會以後，說不定又退回加減乘除的世界了，什麼代數啊幾何的，如夢似幻，離我多遙遠啊！學這個不過是為了考學測。」

「沒錯！就像我們的國文課老是學一些死人骨頭的文章，這個世界上誰還在用文言文往來啊！」

幾名平常上課就不太守規矩但是考試又偏偏都考很高分的同學們互相答著腔，邵老師聽了學生漫不經心的批判，額角冒出了一根

青筋，但他的確是成功高中數一數二的王牌名師，也是在教學上非常開明的一個好老師，他的嘴角浮起一絲冷笑，很快地就想出了該怎麼好好惡整這群小屁孩。

「有意思！你們說向量不重要是吧？還有你們很想知道向量在真實世界要怎麼使用，對嗎？學藝股長，你現在去借下一堂課的電腦教室！同學們，我們下一堂課就來一場隨堂考！」

「隨堂考！？」同學們一聽考試，臉色都變了，邵老師卻神定氣閒地往下說。

「你們別擔心，老師只出一道題。如果能在這場隨堂考拿到滿分的人，我學期成績直接給他加三十分。相反的，如果你們答不對這道題的話，我不會把這場隨堂考算進學期成績裡頭。可是，你們要和我對賭一個週末，也就是我們要多上一堂課。」

每次，邵老大露出這種促狹的笑容的時候，同學們就感到不寒而慄，尤其，沒有人知道老師在賣什麼關子，為什麼數學隨堂考需要在電腦教室舉行。短暫的下課鐘響再上課後，所有人已經在電腦教室裡頭坐定，電腦已經開機好了。只見邵老師用投影片秀出了一道非常令人傻眼的題目，這樣寫著：

「三分鐘內，在沒有倚賴向量的幫助之下，寫出北京大學的確切地址。」

「靠夭，這什麼鬼啊？」

「這不是數學考試嗎？」

「什麼叫作『沒有倚賴向量幫助』啊？」

「老師你要全班加三十分喔？你人太好了！老師我愛你！！」

　　就在同學們一片嘩然的時候，邵老師神定氣閒地說了「計時開始」。雖然非常可疑，但是，每個人的電腦桌面都開了chrome瀏覽器，google搜尋引擎就在眼前。於是，全班二十幾名同學，不約而同地在搜尋引擎裡打入了關鍵字「北京大學 地址」，並且在答案卷上抄下它。邵老師來回尋了一圈，卻罕見的並非在「抓作弊」，而是確定所有的同學都是使用搜尋引擎找到答案的。說實在的，這麼簡單的一題，怎麼可能有人需要作弊。

「時間到！」

　　這時候，考卷準備從後頭傳來，邵老師突然作了一個手勢要他們暫緩。

「所有人拿出紅筆，」

　　老師一聲令下，大家你看我，我看你，面面相覷一陣以後照做了。

　　「我現在宣佈全班零分，你們自己把鴨蛋填在分數欄上。我才懶得把你們的考卷收來畫三十幾個零。」

「什麼！？」

　　雖然知道其中一定有詐，但是，所有的同學還是不約而同地露出了詫異的神情，不安地看著老師。這時邵老師才宣佈了答案。

　　「我剛剛確認過了，你們所有的同學，沒有人是憑著自己腦中的知識『背』出北京大學的地址，全部都是用搜尋引擎查到的吧？可是，我的考試題目開宗明義地寫著『不准倚賴向量』，所以你們全部

犯規了。」

「這…這什麼鬼啊！？」

「同學，你們可要守信，記得我們的君子之約。我剛剛已經聯絡好了，這個禮拜六的上午八點半，我們進行校外教學，在捷運市貿站的四號出口集合。我的大學同學現在在一間頗負盛名的資訊公司裡搞搜尋引擎，我帶你們去參訪一下，就讓他來告訴你們向量的妙用，也讓你們知道為什麼自己會得零分。」邵老師再度露出他的招牌冷笑，留下全班錯愕的同學，依舊不懂他葫蘆裡賣什麼藥。

飛快地就過了一個禮拜，地點切換到台北101摩天大樓的某一層樓當中，一群穿著白上衣黑長褲的小屁孩們瞬間塞滿了佈置得溫馨又富創意的外商公司企業總部，在明亮寬敞的會議室裡顯得相當突兀，因為人多到需要坐在地毯上。邵老師的大學同學，廖經理驚訝地看著這個陣仗。

「太感謝你啦，週末還陪我加這個班，真是不好意思來麻煩你。」

「這是小事，我們這麼久沒見了，晚上請我吃茹絲葵就好，我一定要好好敲詐你一番…但是今天到底什麼風把你吹來的？只是上個數學課，有必要大費周章跑到我辦公室來嗎？」

於是，邵老師貼到廖經理的耳旁，把來龍去脈說了一遍。讓廖經理不小心爆笑出來：

「噗！哈哈哈哈哈哈，會這樣惡整學生，可真像是你的風格，不過我了解我該要跟這群小朋友講什麼了，我們開始吧！」

廖經理大笑完之後，不疾不徐地放下了投影屏幕，對擠在地毯上

的同學們做了開場白：

「各位成功高中的小朋友們，歡迎歡迎，你們老師說想要讓你們知道藏在搜尋引擎裡頭的向量是什麼，好，那我們就單刀直入的開始吧，搶答這題的學期成績加兩分。向量的內積可以拿來幹什麼？」

「喂，你別越俎代庖，這樣就加兩分，你對我的學生也太好了。」

邵國城笑著睨了廖經理一眼，已經有學生舉手答道了：

「用來表示空間的座標。」

「有意思，但那只是向量的其中一種『應用方式』。那我先反問你，一個向量(3,5)代表什麼意思？」

「x座標為3，y座標為5的一個點。」

「那(3,5,2)呢？」

「x座標為3，y座標為5，z座標為2的一個點。」

「那(3,5,2,7)呢？」

「這…應該可以代表四度空間的一個點，但老師教過我們，人類是觀察不到四度空間的，只能透過想像。」

「這位同學，你說得好，就因為你們所接觸到的向量都『太簡單』，所以你們的『腦袋』一直被二度空間與三度空間的幾何給綁死了。可是，向量的幾何意義的確是我們準備要『利用』的觀點，我接著問你，如果給你兩個向量，你能不能計算它們所圍出來的三角形面積？」

「可以啊，我記得那是……」

$$area\triangle ABC = \frac{1}{2}\sqrt{\left|\overline{AB}\right|^2 \left|\overline{AC}\right|^2 - (\overline{AB}\cdot\overline{AC})^2}$$

「太好了，沒錯，那我再問你，為什麼向量內積可以用來計算三角形面積？」

「喔，這是因為事實上我們先算出了兩個向量夾角的餘弦值。有了餘弦值就有正弦值嘛，有了正弦以後『高』就不是問題了，三角形面積等於二分之一底乘以高，這甚至是小學數學就會的問題。」

$$\cos\theta = \frac{\overline{AB}\cdot\overline{AC}}{\left|\overline{AB}\right|\left|\overline{AC}\right|}$$

「好，如果我說兩個向量的餘弦值愈大，代表它們之間的夾角愈小的話，你不會反對吧？」

「不反對。」

「而夾角為零，亦即餘弦值為1的時候，代表這兩個向量重疊，指向同一個方向，這時候這兩個向量的差異只在於它們的『長度』。精確的說來，它們的『單位向量』會相等，或者我們反過來說好了：『把一個向量和『自己』作內積來算餘弦值，一定會是1』，這個各位同學不反對吧？」

「這當然啊，可是這和搜尋引擎有什麼關係？」

「關係可大了呢，你們把剛剛的結論先記住，我們來玩一個小遊戲。」

廖經理說著說著，拿出一張紙神祕兮兮的寫下了四個字串，然後當場用投影機投到牆壁上頭：

AAABBBCCCDDD

AABBBBCCDDDD

AAAAAACCDDDD

BBBBCCCCDDDD

「來，各位同學可不可以告訴我，這四個字串哪兩個『長得最像』？」

「那…當然是AAABBBCCCDDD和AABBBBCCDDDD呀！」

「為什麼？」

「呃…如果真要問為什麼的話，它們兩個只差了兩個字母。」

「答案有一點點接近，但是還沒有說到重點。我再問你，那為什麼AAAAAACCDDDD和BBBBCCCCDDDD『不像』呢？」

「很簡單，因為第一個字串沒有B，第二個字串沒有A呀！」

「沒錯，這就是我希望你能從這個例子當中發現的，組成字串的『成份』。在我舉的例子裡頭，如果我們把字串的『成份』列成一個表的話…」廖經理說著說著一邊再寫下了一個表，然後再投到屏幕上頭。

字串	A	B	C	D
AAABBBCCCDDD	3	3	3	3
AABBBBCCDDDD	2	4	2	4
AAAAAACCDDDD	6	0	2	4
BBBBCCCCDDDD	0	4	4	4

「現在，你們看到向量了沒有？」

「向量？在哪裡？這不是一個表格嗎？」

「…咦，等等，我好像看到了！經理的意思是說，這個表格的每一列就代表一個向量？」

「對，所以我們把AAABBBCCCDDD這個字串轉換成了一個四維的向量(3,3,3,3)，其他三個字串當然也可以做類似的處理。」

「好，既然我們已經把『字串』透過『組成成份』以向量的方式表達了，那麼我們剛剛已經聊到了『內積』，現在我們把AAABBBCCCDDD的(3,3,3,3)分　別　和AABBBBCCDDDD的(2,4,2,4)，及AAAAAACCDDDD的(6,0,2,4)做內積運算，藉以看看它們的餘弦值及夾角。」

$$\frac{3\times2+3\times4+3\times2+3\times4}{\sqrt{3^2+3^2+3^2+3^2}\times\sqrt{2^2+4^2+2^2+4^2}}=\frac{36}{\sqrt{36}\times\sqrt{40}}=0.948$$

$$\frac{3\times6+3\times0+3\times2+3\times4}{\sqrt{3^2+3^2+3^2+3^2}\times\sqrt{6^2+0^2+2^2+4^2}}=\frac{36}{\sqrt{36}\times\sqrt{56}}=0.802$$

「看到了嗎？ AAABBBCCCDDD和AABBBBCCDDDD這兩個向量的餘弦值高達0.948，而AAABBBCCCDDD和AAAAAACCDDDD的餘弦值則較小一點，為0.802，這表示AAABBBCCCDDD和AABBBBCCDDDD這兩個向量的『夾角』比較小！」

「然後，我們剛剛還提到了，如果把一個向量和自己做餘弦運算時，得到的結果剛好會是1，現在我們要用這個概念了。那我說，餘弦可以用來代表兩個向量的『相似程度』，愈接近1的餘弦值，相似度愈高。等於1的時候，不只叫作『相似』，我們會稱它叫作『相等』，這樣你們覺得如何呢？」

「所以，經理的意思是：您剛剛提問說『哪兩個字串看來起比較像』是以餘弦相似度做為比較依據，而餘弦相似度又使用到了向量內積？」

「對極了，不愧是成功高中的學生。」

「經理！等一下，我有問題！」這一刻，有一個學生露出了似懂非懂的質疑神情，飛快的舉起了手。

「哦？請說？」

「您舉的這個例子實在太漂亮了，每個字串都剛好由十個英文字母組成。可是真實世界當中，我們隨便拿兩個英文單字來這樣比較的話，通常字串的長度是不一樣長的，那就像每個中文字的『筆劃數』也不同一樣。」

「哦，很好！這麼快就有同學注意到這麼關鍵的問題了，那麼我們不妨來實驗一下，你看看我把AAABBBCCCDDD這個字串重複一次，變成AAABBBCCCDDDAAABBBCCCDDD，換言之，這個字串

變成有二十個字母。」

字串	A	B	C	D
AAABBBCCCDDD	3	3	3	3
AAABBBCCCDDD	6	6	6	6
AAABBBCCCDDD				

「那麼同學，你告訴我，它們兩個的餘弦值現在是多少？」

「…還是 1 ！」發問的同學露出了恍然大悟的神情。

「好極了，你發現了嗎？這就是『向量』的妙用。為什麼我們要談『單位向量』及向量的『正規化』？我把一個字串重複兩次，它的長度雖然變了，但是各種字母的『組成比例』不變，我們就應該把它視為同一個東西。而你現在發現了，餘弦值為什麼可以當成相似度的指標？因為它早就已經處理了『正規化』的問題，你不用去擔心它的長度問題。」

「那麼，小朋友們，現在我把問題弄得複雜一點，要跟上喔。」廖經理拿出了「兩張紙」，分別寫下了一句話，然後再用把它們投到螢幕上頭。

　　爺爺是爸爸的爸爸
　　奶奶是爸爸的媽媽

「有沒有同學知道我這樣做是想要幹什麼？」

「經理，您是說，我們剛剛比較的是『字串裡的組成成份，亦即字母』，現在我們要比的是『句子裡的組成成份，亦即單詞？』」

「好極了。你說得對。」廖經理露出了滿意的笑容，再把一個新的表格投到屏幕上。

語句	爺爺	奶奶	爸爸	媽媽	是	的
爺爺是爸爸的爸爸	1	0	2	0	1	1
奶奶是爸爸的媽媽	0	1	1	1	1	1

「我這個例子是要講，不僅是字串和字串可以這樣比，句子和句子也可以這樣比，那麼，同學們現在可以了解我為什麼故意留這麼多空白，把兩句話寫在不同的兩張紙上嗎？」廖經理笑著把兩張紙各自拿在左手和右手上頭晃了晃。

「因為文章和文章間也可以這樣比！」

「非常好，但不只是這樣而已哦，同學，」廖經理又神秘的笑了笑，「剛剛已經有同學搶了我的梗，我們說，既然連不同長度的字串都可以比較相似度的話，那麼我說，『一個句子』也可以和『一篇文章』比較相似度的話，你覺得如何呢？同學們，你們常常在敝公司的搜尋引擎打進一句話，甚至一兩個詞，搜尋引擎就是這樣幫你們做了『向量』的運算，然後把『最相似』的文章秀給你們看，現在明白邵老師為什麼給你們零分了嗎？沒有向量，

你們就沒有搜尋引擎可以使用了！」

「哦——」所有的同學們露出了恍然大悟的驚呼，然而，還是有一個同學大惑不解地舉了手：

「可是，經理，這太超現實了。您剛剛舉例當中的『文章』還是只包含了短短的一句話而已，我有三個問題：第一個問題是，世界上有這麼大量的網頁，搜尋引擎如果是在使用者打進關鍵字的時候才開始對全世界的網頁做向量運算的話，它的反應怎麼可能那麼快？我每次使用搜尋引擎，幾乎是『瞬間』就得到了結果！第二個問題是，您剛剛一直強調我們要計算一個句子，一篇文章，甚至一本書的組成成份，可是如果網路上有一篇『很長很長的文章』，它裡頭出現了幾千個獨立的詞彙，這代表這個向量高達幾千個維度，我們要怎麼對幾千個維度的向量做內積啊？最後一個問題是：我現在的確知道了內積在計算文件相似度上的效用，但是，文字的『成份』以外，我認為文字的『順序』也是很重要的一個因素？延伸剛剛廖經理的例題，我把剛剛這個字串AAABBBCCCDDD改成BBABAACCDDDC的話，它的『向量』並沒有發生改變，亦即這兩個字串的向量夾角還是零呀！」

廖經理一聽怔了一下，突然轉過頭去跟邵國城說：

「邵老師，你這個同學學期成績要加五分才夠。他問了今天最有水準的問題，也正是我接下來要講的東西。」

不過，這似乎是一個會讓喉嚨發燙而需要費盡唇舌的問題，

於是廖經理轉頭喝了一大口水，才緩緩說道：

「同學，你的問題棒透了。首先回答你的第一個問題，搜尋引擎的背後有一種叫作『索引』的東西，就像你們的百科全書，或是字典一樣，它的索引會獨立地計算這本書裡頭所出現的所有詞彙，以及它們出現在這本書裡的第幾頁。而搜尋引擎的索引一樣統計了『這世界上所有的網頁總共出現了哪些詞彙，它們分佈在哪一些網址，數量是多少』，而且我可以告訴你，這樣的一個索引每天都在更新，因為這個世界上每天都有新的網頁『長出來』。」

「我們會散發一種俗稱『網路爬蟲』的機器人，每天就在世界的各個網站角落探索，哪一些網頁是新出現的？它們裡頭有沒有新的詞彙？而且就像我剛剛所提及的，每一個網頁都會被『向量化』，並且隨時等著被和使用者輸入的詞彙做內積。」

「然後我現在回答你的第二個問題：雖然實務上我們不會拿幾千幾萬個維度的向量去做內積，我們有非常多種演算技巧去找出『哪些詞彙才是重要的關鍵字』，可是我舉個例子好了，牛津英文字典裡頭大約有 30 萬個英文單字，那表示『你不做任何篩選的話，任何一段以英文寫成的文章，都要用一個 30 萬維度的向量來表達，才能夠保證萬無一失』。我們假設我們有辦法找出其中最重要的三十分之一，我們這個向量還是有一萬個維度，對吧？但我告訴你：這就是人類進入資訊時代的美妙之處。一萬維度的向量要你做內積的話，第一個要面臨的問題是：我不相信有人『真的能夠算對』，你會累，你會煩，也許你算到第 100 個維度的時候就會摔筆大罵『怎爸袜願做啊啦！』，可是你知道嗎？

在你抱怨完之前，電腦已經算好答案給你了。一萬個維度的向量內積及餘弦相似度，現在的電腦根本沒有看在眼裡。」

「最後我再回答你的第三個問題：沒錯，這位同學，你竟然一擊就戳中了向量空間模型的罩門。我只能跟你說，在大部份的場合，我們不考慮文字的順序就已經能找到我們所需的資訊需求。但是要我跟你解答這個問題的話，很遺憾今天時間不會夠用，你的答案就在這張紙上，我希望你今天下課以後再把它打開來看。」

廖經理雖然這麼說，但他「現在」才開始「製作」那個藏有答案的錦囊，讓發問的那個同學非常不可思議，他不太相信他要的答案有這麼簡單，因為廖經理停下來的時間恐怕只夠寫一句話而已。但他半信半疑地收下紙片之後，廖經理繼續發表了總結：

「所以各位同學，你們知道你們的數學課本裡頭都是很重要的先人智慧了嗎？它們在進入資訊時代了以後，又被賦與了非常多的可能，我剛剛和你們解釋了半天的這個東西，它叫作『向量空間模型』，其實只是製作搜尋引擎的『其中一種方法』，可是，在還沒有電腦的時代，如果有數學家提出了這個向量空間模型，就像剛剛那位同學所說的，全世界鐵定都會認為這個人是神經病，因為沒有人有辦法計算千萬維度的向量內積，你們說對嗎？」

廖經理神定氣閒地講完這段話後，把時間再交還給了邵國城老師，邵老師先用他慣用的神秘冷笑掃視了一遍班上的同學之後，才開口說道：

「同學們，你們這下懂我們為什麼要好好學向量了嗎？以後上數學課再給我不專心射橡皮筋試試看，現在大家一起用最熱烈的掌聲謝謝廖經理！」

同學們鼓掌完之後，邵老師宣布解散，但是自己卻留下來和廖經理繼續敘舊。

「今天真是太感謝你啦，希望這群小朋友沒有給你添麻煩。」

「我可沒說我要免費幫你喲，今晚吃茹絲葵，我們剛剛說好了吧？」

同學散去之後，廖經理恢復了他那頑皮的面貌，跟邵國城打趣說道。

「好啦，茹絲葵就茹絲葵，我們也好久沒有喝兩杯，哈啦一下了。不過我倒有個問題，剛剛發問的那個好奇寶寶，你給他什麼錦囊妙計啊？」

「喔對！！你不提醒我我差點忘了，你等一下喔！我現在立刻打個電話給我們在中研院的強力助手，今晚順道拉他一起來參加我們的敘舊趴，你可要破產了，誰叫你的學生這麼有上進心！」

「你要叫他去找『莊孝維』！？」邵老師露出了驚喜的神情。

這一刻，只見剛剛散場的同學們已經三三兩兩地各自回家了，那個發問的同學叫作小紀，此刻才拆開那張廖經理的紙條，上頭什麼都沒寫，就只有一個 e-mail 信箱而已。

後記與延伸閱讀

　　如果讀者們有興趣深入了解資訊檢索的其他模型與相關議題，筆者首推史丹佛大學Manning博士所著的《Introduction to Information Retrieval》[16]，筆者當初入學博士班的時候，因為這本深入淺出的教科書而一頭栽進了資訊檢索的世界。而且重要的是這本書是「免費」的，它雖然有發行的精裝版本，但是Manning博士非常慷慨地直接在自己的研究團隊網站上頭分享「整本書」，這實在是非常罕見的大方。而很幸運的這本「資訊檢索領域的聖經」（至少對筆者來說是啦）在2012年的時候有了中文譯本[17]，五南圖書公司願意作這本書實在是「功德無量」。

　　再聊段題外話，一般來講，小說家都會在自己的作品當中註記「本故事純屬虛構，如書中人、事、物與現實世界雷同，純屬巧合」作為免責聲明。但筆者反其道而行地宣告：本故事所提及的「成功高中邵國城老師」是真有其人。筆者的高中導師在我寫成這本書的這個年紀過世，不知不覺，我已經追上了老師的年紀，但是邵老師是扭轉我一生的貴人，我希望藉由這樣的形式，能讓他的名字永遠被紀念。

只要學過高中數學就可以一窺搜尋引擎稱霸網路世界的奧秘？

06

你的Siri真的聽得懂
你的話嗎？

——自然語言處理的奧妙

當Siri這類的「智慧型代理人」問世之際，很多人發現它
能夠理解自然語言，允許你把一件事用「不同的方式」講
的時候，就誤以為它和人類一樣是有所謂「靈魂」的……

座落在台北市南港區的中央研究院是台灣首屈一指的學術單位。中研院裡有正職研究員的編制，其實中研院的研究員某種程度上就被學術界認定是「以研究為本業而不需要教書的大學教授」，他們埋首做仙風道骨的學術研究，而中研院雖然位在台北的邊陲地帶，但是能夠非常快的接觸到繁華的市中心，又能看見山明水秀的風景，可以說是最適合學術修行的所在。小紀瞠目結舌的看著中研院的大門口。在上一章故事裡，他被廖經理轉介給了一位「神秘的朋友」，通信陳述了自己的問題之後，這位神秘人士只回了一封更神秘的信，要他依照時間拜訪一個地址，但小紀萬萬沒有想到這個地址會是「中央研究院」。中央研究院下頭設有資訊科學研究所，裡頭進行著許多走在時代尖端的研究，「自然語言處理」當然也是其中的一個熱門議題了。

這一刻，突然有一輛造型慓悍的馬自達6轎車滑行到了小紀的身邊，車窗搖下來，是個戴著墨鏡卻打扮入時的青年男性，頭髮用Gatsby髮臘抓得相當硬挺，使他看起來比實際年齡小上十歲。他笑著開口問候道：「哈囉，你就是小紀嗎？歡迎歡迎，上車吧！我載你到我的研究室聊聊。」

「您就是…莊博士？」小紀狐疑地打量著駕駛座上帥氣的男人，因為他以為搞學術的都宅到不行，應該是一個人走在夜晚的街道上都會被警察攔下來關心的那種樣子。

「哈哈哈，不像嗎？你怕我是詐騙集團喔？要不要看識別證？」

帥氣的男子將中研院的識別證兼門禁卡從胸口拉到車窗邊。

「不是的，幸會幸會，非常謝謝莊博士今天願意抽空為我解惑。」小紀微微的頷首道謝後，打開了車門，坐上了那輛慓悍的水藍

色馬六轎車。

　　穿過了以胡適為名的「適之路」後，資訊所就座落在數理大道的盡端，莊博士停好車以後，帶著小紀通過了門禁，來到了自己的辦公室。小紀始終好奇著「研究人員過著什麼樣的日子」，而他環顧著莊博士的辦公室，裡頭泰半是電腦及書本，電腦似乎是很理所當然地出現在這個空間，但是書本可就包羅萬象了，除了小紀完全看不懂的原文電腦工具書及參考書以外，架上有中英兩個版本的《莎士比亞全集》，梁實秋的《雅舍小品》，托爾金的《魔戒》，國高中英文參考書，日文檢定 N2 級必勝文法教材，更奇特的是…竟有一套早期國立編譯館編定的小學國語課本。

　　莊博士當然發現了小紀在打量什麼，他一邊泡著紅茶招待來客，一邊笑著說：「哈哈哈，看了這些收藏，你會以為我很有人文素養，所以博覽群書對吧？事實上這些都是工作要用的參考資料，也就是我們準備要聊的主題有關。小紀，廖北呀…對不起，我是說之前接待你們的廖經理，廖北呀是他大學時的綽號。廖經理已經把你的問題大概告訴過我，而且你們邵老大也來跟我打過招呼了，我知道你想理解電腦是『如何』我們說的『人話』，或是精確的說，我們稱它作『自然語言』。你的問題是 how，但我覺得更重要的是先理解：為什麼我們『需要』電腦聽懂我們說的話，也就是 why。所以在開始之前，我一定得先告訴你『自然語言處理』可以替我們做些什麼，不然你會聽得一頭霧水。我們先來慢慢品味一段奇特的文字。」

從 Google 翻譯到 Siri 應答

一窺自然語言處理的應用

　　莊博士說著說著，將一段早就列印好的紙推到小紀的面前，上頭這樣寫著：

　　「最後，這個想法在我身上。　沒有牆壁包圍的小屋的複合。因為小偷是該地區的夜間監視者，所以住戶自己成了一隻狗。有一天，郵遞員不知不覺地冒出來。　狗開始咆哮和攻擊。　郵遞員在他的沉澱後退中採取了後衛行動——為住戶的歡樂。　從這樣的視野，我收集了一個基本的真理。　人類的開始總是喜歡看到其他人面臨尷尬。　那些受到狗攻擊的人和那些在香蕉皮上滑倒的人一樣有趣。」

　　「你覺得這段話如何呢？」莊博士笑了笑。

　　「嗯…它看起來很奇怪。這種怪異我說不上來，硬要說的話就像是拙劣的翻譯品質造成的。就算翻譯的人是因為翻譯不出某些專有名詞或是專業知識，我也會覺得他的用字習慣以華人來說相當奇特。勉強說來，最後兩句『人類的開始總是喜歡看到其他人面臨尷尬。　那些受到狗攻擊的人和那些在香蕉皮上滑倒的人一樣有趣。』是比較能懂的，至少我大概猜得出它原本的意思。」

　　「沒錯，小紀，因為它是『機器翻譯』的成果。」莊博士笑了笑。

　　「您說這是機器寫的！？」

　　「沒錯，這是用家喻戶曉的『google翻譯』做出來的，它摘自文學大師梁實秋的《雅舍小品》[18]裡頭的〈狗〉這篇文章。我還在念國中

的時候，梁實秋的文章可是我們國文課本裡的教材呢！可見他的中文造詣有多麼高超。有趣的是，後來《雅舍小品》有發行中英對照的版本，英文的部份是由時昭瀛先生捉刀的，因此它成了『有標準答案』的翻譯教材，成了我非常愛用的實驗題材，我們來看時昭瀛先生為這段話寫下的英文原文是這樣的：

"Finally, the idea dawned upon me. No wall enclosed the compound of the cottage. As petty thieves were nightly visitors in the area, the householder got himself a dog. One day, the postman nonchalantly sauntered up. The dog began to growl and attack. The postman fought a rear guard action in his precipitate retreat- to the merriment of the householder. From such a sight, I gathered a basic truth. Human begins have always enjoyed seeing other persons facing embarrassment. Those under attack by dogs are just as funny as those who have slipped on banana peels."

「您說，這是梁實秋大師的文章！？經過機器翻譯之後，不僅辭不達意，簡直可說是面目全非呀！」

「沒錯，小紀，我們一起來看這段話的原文，梁實秋大師是這樣寫的：

「這道理我終於明白了，雅舍無圍牆，而盜風熾，於是添置了一隻狗。一日郵差貿貿然來，狗大咆哮，郵差且戰且走，蹣跚而逸，主

人撫掌大笑。我頓有所悟，別人的狼狽永遠是一件可笑的事，被狗所困的人是和踏在香蕉皮上面跌跤的人同樣的可笑。」

「我不知道原文是用這麼有深度的中文寫成的！撇開『雅舍』是個專有名詞的話，我看『盜風熾』、『且戰且走』、『蹣跚而逸』、『撫掌大笑』、『頓有所悟』這些成語，我都不認為機器翻譯能夠翻得出來，別說機器了，你拿給我翻譯，我都不知道應該怎麼辦呢。」

「咱們就來證實你的想法吧，我們再把這段『寫得很流暢的中文原文』丟回給google翻譯，要它翻回英文，咱們來看看會發生什麼事？

"That reason I finally understand, Yashe no fence, and Pirates of the wind Chi, so the purchase of a dog. One day postman trade rush to the dog big roar, postman and war and go, staggering, the master palm laugh. I am awake, and the awkwardness of others is always a ridiculous thing, and the people who are trapped by the dog are the same ridiculous as those who have fallen on the banana peel."

「你現在又覺得如何呢？」

「簡直更加的面目全非，不過和剛剛一樣，最後一句『the people who are trapped by the dog are the same ridiculous as those who have fallen on the banana peel.』勉強算是得到了比較好的翻譯成果。顯然是因為它本身就寫得比較白話。」

「沒錯，小紀，我可以先告訴你，事實上每種語言幾乎都有自己的特性與文化，所以在互相轉譯之間一定會存在落差。我以前念博士班的時候，為了要投稿英文學術期刊而吃盡了苦頭。因為『英文』的寫作規則比起『中文』更適合被機器理解。你自己想想你的高中國文課發生什麼事情就可以知道。我們認定『寫得精彩』的中文，要隱喻，要留伏筆，要用不同的詞語解釋相同的事以創造字面上的豐富，然後還要引經據典…但是這些遊戲規則都會加深理解語意的障礙，也因此機器翻譯在不同語言之間存在不同的難度。」

　　「不過，小紀，我在這裡要跟你舉機器翻譯的應用，最主要想跟你說明的是一個自然語言在機器翻譯上極需要排除的障礙：你如果查過英文字典，應該會知道，大部份的英文單字都不會只有一個意思。比方說在英翻中的情境，我們碰到interest這樣的英文單字，在一般的日常生活當中，它被用來指『興趣』，可是在財務金融的相關領域，它指的卻是『利率』，你覺得電腦看到interest這樣一個英文單字的時候，它要怎麼決定，要翻成『興趣』還是『利率』？」

　　「您剛剛都把答案講出來啦，要看出現在這個單字的上下文，它一定會有一些跡證顯示出這個字要怎麼翻譯，至少人為的翻譯一定是這麼做到的。」

　　「很好，我等一下要告訴你電腦怎麼做到這件事。但我要先讓你知道，這是自然語言處理當中的一個重要應用，我們稱作『排歧』（disambiguation），也就是『排除歧義』的意思。因為不論在哪一種語言當中，都會有一字多義的情境存在，於是它會造成『意義分歧』，這就是『歧義』。」

「第二件事，我們再來看到中翻英，連你剛剛都發現到了，在為數不少的場合，機器翻譯在英翻中的成效上比中翻英要好得多，我剛剛已經有和你略為提到，因為『英文』的寫作規定比較單純。但是你有沒有試想過，中翻英對於『電腦』的第一道障礙是什麼呢？」

「…對於『電腦』？這難倒我了。」

「那我們說，對於『不懂中文的人』好了？拿我們剛剛的例子來看，裡頭翻譯成果最好的一句話：『別人的狼狽永遠是一件可笑的事，被狗所困的人是和踏在香蕉皮上面跌跤的人同樣的可笑。』，外國人看到中文字一個一個方方正正，他們大概可以猜得出『香』與『蕉』都是一個獨立的中文字元。但是他們怎麼知道『香蕉』是一個詞彙，而且就是指banana呢？」

「哦──」小紀露出恍然大悟的神情，說道：

「您是說，決定『有意義的詞彙的邊界』這件事？」

「好極了，我們有一個專有名詞稱作『斷詞』，小紀，你看看英文字的結構，『字』（word）是由『字母』（alphabet）組成的，而字還可以往上再構成『詞』或是『片語』（phrase），但是通常獨立的字就可以產生意義，而且最重要的是在他們的書寫習慣上頭，字和字的中間一定有空白，所以一目了然。可是對於我們中文字來講，單一的中文字雖然也被我們稱作字（word），事實上它對應到英文的系統裡，它的層級可能介於字母和字之間。因為，單獨的中文字有的時候的確可以產生獨立意義，但有更多時候是不可以的，我們把剛剛那個例句用空白鍵『斷詞』給你看。」

「別人_的_狼狽_永遠_是_一_件_可笑_的_事__，被_狗_所

困 _ 的 _ 人 _ 是 _ 和 _ 踏在 _ 香蕉 _ 皮 _ 上面 _ 跌跤 _ 的 _ 人 _ 同樣 _ 的 _ 可笑 。」

「怎麼樣？有感覺了嗎？把句子拆解成獨立的詞彙這件事情，將會嚴重影響後續翻譯的成果，但是像這樣的議題在英翻中的『書寫』裡卻不存在。」

莊博士這麼說的時候，故意把「書寫」兩個字用力拉長，然後神秘地笑了笑，看著小紀。

「莊博士，您為什麼要強調『書寫』？感覺起來，您這兩個字在您剛剛的句子裡好像是贅字…」

「小紀，你忘了翻譯除了可以是『書寫翻譯』，也可以是『口譯』嗎？現在把你的iphone拿出來玩玩，如何？」

小紀不明其中玄機，卻照辦了。

「你跟Siri說，『我要去中央研究院』。」

「Siri，我要去中央研究院。」

「沒問題，請稍等。」於是小紀的iphone上頭出現了中研院的地圖及導航路徑。

「你現在知道了，因為剛剛Siri進行了斷詞，所以它知道『中央研究院』是一個專有名詞。那麼你現在把這句話再用英文說一次？」

「莊博士，我被考倒了啦！我還不知道中研院的英文怎麼講～」

「哈哈哈，好，我來說：Siri, please guide me to Academia Sinica。」

「Sure, please wait for a moment.」Siri回答之後，秀出了同樣的地圖和導航路徑。

「你發現有哪裡不同了嗎？」

「…啊！！您是說，我把英語『連起來講的時候』，電腦就沒有辦法辨識『字與字之間的空白』了，所以口說的英語也需要進行斷詞？」

「對極了，這就是『自然語言處理』的更進階應用『語音辨識』，你所熟知的Siri就是這樣做出來的。不只如此呢，比方說，我們常常會嘲笑別人有口音，導致他的話難以理解，對Siri來講，它不僅要幫你斷詞，還要理解你的發音，才能『先將語音化成文字』，於是進行接下來的機器翻譯呢！」

「但是話又說回來，小紀，你覺得Siri真的『聽懂』了你說的是什麼嗎？」

「博士，您的意思是？剛剛Siri既然已經展示出了前往中央研究院的地圖，它應該算作正確的達成任務了啊。」

「你的見解很有趣，它做對了，但是它並沒有真的『理解』這件事的本質。比方說，小紀，你今天已經進到中研院的院區來，當別人跟你問了同樣的問題時，你除了能夠指出中研院的位置以外，你的腦中一定也有浮現中研院的樣子，它是一個什麼樣的機構，裡頭有什麼樣的人，在做什麼樣的事。可是對Siri來講，它只是解析出了中研院是一個地名，而且它的地圖裡頭找得到，於是它能夠告訴你怎麼走。換句話說，當Siri這類的『智慧型代理人』問世之際，很多人發現它能夠理解自然語言，允許你把一件事用『不同的方式』講的時候，就誤

以為它和人類一樣是有所謂『靈魂』的，但並沒有人知道，目前科技能夠做到的智慧型代理人只是一個等級高了一些的聲控裝置。當聲控裝置發明的時候，不會有人認為它『聽得懂人話』，我們只知道它把某些『內部的操作指令』和『啟動指令的聲音』連結在一起而已。」

「所以，您是說，Siri 從我下達的言語指令當中，透過斷詞這些技術，辨識出了『前往』和『中央研究院』兩個關鍵字，而去連結到了它應該啟動的功能，也就是地圖與自動導航？」

「小紀，我只能說，『很可能』是這樣做的，因為這一切是蘋果電腦的商業機密。但是『擷取話語中的關鍵字何其重要』才是我想向你傳達的訊息，我們不妨再回到『人』的例子上，如果現在把你丟到英語系的國家，你碰到不會完整表達但是知道關鍵字的語句，你會怎麼辦？」

「我會就跟他說那個關鍵字。比方說，我不會說 I am thirsty 的時候，也許我面露痛苦的表情說 water，對方會知道我想喝水。」

「沒錯，換個角度來講，一般人剛剛被丟到英語系的國家時，聽力通常是遠遠不如閱讀能力的，有的時候一個外國人和你講話，你並不是聽不懂，而是他講太快了，你跟不上。可是如果他把這句話用寫的跟你『筆談』，你卻可以完完全全的理解所有的字詞及語句，這種時候，你又怎麼處理你的聽力跟不上的問題？」

「我會試著只先從對方的話抓出關鍵字，因為關鍵字抓出來以後，其他的部份，我『還原錯誤』的機率不大。就像『我想喝水』這件事一樣，漏了那個動詞，對方還是會知道你的意向。」

「很好，我聽廖經理說過，他之前已經和你們解釋過搜尋引擎和向量空間模型。向量空間模型是一個非常通用的資訊檢索模型，但是它有一個很大的致命傷，就是它無法考慮字詞出現的『順序』，我們稱這種模型叫作『bag of words』，就像我們把字詞全部倒在一個大袋子裡，我們只管『成份』，不管『順序』，但是如果『不管順序』會造成重大災難的話，這樣的模型應該早就被淘汰了，對吧？」

「就像我們剛剛已經討論的，對於別人所講的『自然語言』，如果我們抓住了關鍵字，其實已經八九不離十。當然細微的地方仍是會誤解，但那是精確率的問題。可是在關鍵字上頭，卻有一個東西，把關鍵字串接成有意義的語言，資訊檢索就是少了這一塊。現在我要問你，你覺得那個『東西』是什麼？或者我反過來說，bag of words打壞了語言中的什麼要素？」

小紀搔了搔頭，答道：「呃，應該是字詞的順序規則吧？」

「哈哈，你可以使用專業一點的詞彙呀。我相信還在念高中的你，一定在上英文課的時候，有接觸過並且非常痛恨『教授這種規則』的課程，因為非常枯燥，我就講答案吧，那就叫作『文法』。」

「⋯文法！！」

「沒錯，你不妨理解一下你過去牙牙學語的過程。一般來講，生活在台灣的人都以中文為母語，但是你學起母語的過程一定令你不復記憶，而且太過理所當然。什麼叫作理所當然？比方說，叫你寫出『中文的文法』，你寫得出來嗎？你的每一句話早就已經是反射動作，我才管它文法不文法不文法咧。因此，你可能必須回想你學第二種語言時的過程，而對台灣人來說它們通常是英文。雖然不同的語言

有不同的文法規則，但是它們有一個大同小異的『結構』，那就是，一定從『詞性』開始。就你我所熟知的，所有的文字都可以粗略地分為動詞、名詞、副詞、形容詞這些東西。有了詞性之後，它們會依照簡單的規則構成『子句』。比方說我們常見的名詞子句常常會是一個形容詞加一個名詞…這樣。而再子句的上頭，完整的句子才會出現。比方說你看這個例子，是我們剛剛講的梁實秋大師的造句，《狗》這篇文章裡，被時昭瀛先生翻成英文的其中一句。我們通常會用一棵『文法樹』來解析它，就像下面這樣……

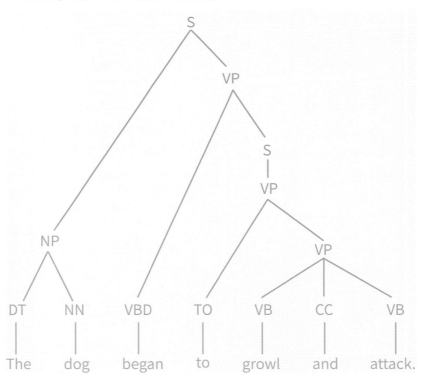

「最上層的S代表一個完整的句子（sentence），而一個句子由名詞子句NP及動詞子句VP構成，有趣的規則在於動詞子句和名詞子句都允許「遞迴包含」，也就是名詞子句中還可以有名詞子句，動詞子句裡也可以再有動詞子句。但是它們到了最下面的一層，一定叫作『詞性』，也就是名詞動詞副詞形容詞這些東西。比方說，NN代表了名詞。」

「好厲害，莊博士，那麼，這樣的文法樹也是電腦自己解析出來的嗎？」

「沒有錯，但是它需要有一個最關鍵的前置動作，那就是『為所有的單字標上對應的詞性』。比方說，受過國中英文基礎訓練的人一定可以毫不猶豫地說出attack是個動詞，但是要電腦幫你做這件事，可就沒這麼簡單了，因為詞性標記也會發生『模稜兩可』的情形，一個很簡單的例子是"close"這個字既能當動詞又能當形容詞，端看它被解釋為『關閉』還是『貼近』。這也就是我們接下來要講的重點。唯有完成『詞性標記』之後，我們才能進行後續的『文法分析』。但是開始深入它的理論之前，我要先讓你看個實際的例子，讓你明白這件事情『真的是可以被電腦做到的』，然後我們才來探討為什麼。」

莊博士於是打開了一個網頁（見下圖[19]），說道：

「這是我們中央研究院的公開展示成果，你可以在裡頭輸入任何的中文篇章，然後要它進行自動的斷詞與詞性標記給你看，比方說，我們剛剛分析的梁實秋的文章段落裡，成語最少且文法結構最完整的那一句『別人的狼狽永遠是一件可笑的事，被狗所困的人是和踏在香蕉皮上面跌跤的人同樣的可笑。』」

　　莊博士把這段文字貼進了系統以後，按下了「送出」，很快的，成果就顯示在螢幕上頭：

　　「別人(Nh)　的(DE)　狼狽(VH)　永遠(D)　是(SHI)　一(Neu)件(Nf)　可笑(VH)　的(DE)　事(Na)　，(COMMACATEGORY)　被(P)狗(Na)　所(D)　困(VCL)　的(DE)　人(Na)　是(SHI)　和(P)　踏(VC)　在(P)　香蕉皮(Na)　上面(Ncd)　跌跤(VA)　的(DE)　人(Na)同樣(VH)　的(DE)　可笑(VH)　。(PERIODCATEGORY)」

　　「哇，好厲害唷，它到底是怎麼做的呢？」
　　小紀正在贊歎不已的時候，莊博士突然走到他的辦公桌旁拉開抽屜，拿了一個大碗公和兩顆骰子出來。

怎麼會和賭博有關？

隱馬克夫鍊模型

「來，為了讓你理解詞性標記是怎麼達成的，我們先來『賭博』。」

看到莊博士笑嘻嘻地展示他的「教具」，小紀看得瞠目結舌。

「你怎麼看起來這麼驚訝？都市的孩子，都沒有在香腸攤賭過『稀吧喇』？」

「不，只是很驚訝這兩件事怎麼會有關聯…」

「我每次去給人演講一定要用這個例子，所以就準備了這副道具。這一顆骰子，你先丟丟看，至少丟二十遍哦。」

莊博士笑著先給了小紀一顆骰子。小紀丟了二十回以後，露出不解的神情說：

「沒有什麼奇特之處啊？」

「很好，那你再丟丟看這一顆。」

小紀拿了第二顆骰子，才丟了五、六回就發現了不對勁，驚呼道：

「這顆骰子有動手腳！我才丟十回，就出現了八次『六點』！」

「沒錯，這一顆骰子就是傳說中的『詐賭』、『出千』的神兵利器，它灌了鉛，雖然它還是有機率投出六以外的點數，但是機率相對於公平的骰子來講低很多。你剛剛已經『試』出來了，它投出六點的機率高達4/5，一般的骰子只會有1/6。」

「但是，有趣的來了，如果我要用這一顆骰子和你詐賭，我問你，我『可不可以』老是用這一顆骰子？」

「如果它老是出現六點的話，應該很快就會被發現不對勁。」

「對極了，所以莊家詐賭的手法一定是：他會把這兩顆骰子的其中一顆藏在身上，然後必要的時候才『調包』，正常的骰子和作弊的骰子要交替著使用。賭客才不會起疑。」

「如果我是一個莊家，當我面對賭客的時候，就算我有了這個『可以操作結果』的骰子的前提下，我還是要故意輸個幾盤，才能取信於人嘛。那我問問你，你覺得我要選擇什麼時候贏？什麼時候輸？」

「那…當然是有肥羊來、下注金額高的時候贏，客人下注少的時候，或是莊家的椿腳前來配合演戲的時候輸呀！」

「哈哈哈哈，小紀，你這個鬼靈精，有椿腳的這個情境我都還沒想到咧。但是我們說明了一件事：我『決定』要不要切換骰子的這個機率，是可以被算出來的。」

「切換骰子的機率！？」

「沒錯，這個東西很重要，所以我們必須把它量化出來。延續剛剛的假設好了，假如莊家看到下注的總賭金大於五萬元的話，會啟動『調包骰子』的機制。那麼，我們假設有一個生意還算可以的賭場，我們每天都能夠統計它總共下了多少注，並且每一注的金額有沒有超過五萬元。假設說在十個賭局當中，只會有三個賭局是下注超過五萬元的，那我們就可以說：下注大於五萬元的機率是0.3。」

「於是我們就可以分開討論：當這個莊家正在使用正常的骰子

時，他有0.3的機率會因為看到下注高達五萬元而切換到灌鉛的骰子。而另外有0.7的機率會繼續使用正常的骰子。反過來說，如果這個莊家正在使用灌鉛的骰子，他有0.7的機率會在下一局偷換回正常的骰子，而有0.3的機率繼續使用灌鉛的骰子。這樣的關係，我們可以把它畫成圖，這個樣子的圖，叫作『有限狀態機』」莊博士說著說著，便在一張列印失敗的回收紙背面畫下了這樣的圖

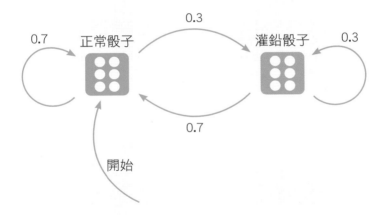

「而『莊家有沒有在詐賭』，亦即莊家用了哪一顆骰子，是賭客看不出來的，如果被賭客看得出來的話，這莊家就要事跡敗露被拖去毆打了。所以我們稱這個骰子的變化過程叫作『狀態列』。換言之，骰子的變化過程反應了這莊家在什麼時候詐賭。相反的，賭客可以看見的實際點數，叫作『觀察列』。我們來模擬十次的賭局好了。」莊博士說著畫出了一張表：

次數	1	2	3	4	5	6	7	8	9	10
觀察列	2	5	6	6	6	4	6	3	2	6

「小紀，我現在先故意不寫出『狀態列』，我要你先猜猜看，哪幾次是詐賭？」

「如果是我的話，一定會猜第3局到第7局之間，因為那個連續的6點太不尋常了。那段期間，可能來了一個很大方的賭客，使得下注總金額一直很高，也讓莊家捨不得換骰子。至於第六局意外出現了4點，我會猜測，那是灌鉛的骰子也有失靈的時刻。剛剛莊博士已經提到了，就算是灌鉛的骰子，還是有投不出六點的時候，只是機率低了點而已。」

「有趣，我想一般人都會這樣猜，那我現在公佈答案給你看。」

次數	1	2	3	4	5	6	7	8	9	10
觀察列	2	5	6	6	6	4	6	3	2	6
狀態列	正常	正常	詐賭	詐賭	詐賭	詐賭	正常	正常	正常	正常

「哦，看來我猜錯了一部份…」小紀說道。

「是不是有點意外？的確，從第三局到第五局間，那三個連續的6點任誰都會覺得是個強烈的訊號。可是，因為『第七局又出現了一次6點，而第六局並不是6點』，因此在第六局到第七局之間到底有沒有發生詐賭？不同的觀察者會有不同的猜測與解釋，像你猜測詐賭延續到了第七局，事實上卻不是如此，對吧？詐賭在第六局就停止

了。但你也沒猜錯的一點是：第六局雖然並不是開出6點，但它確實是灌鉛的骰子丟出來的結果。」

「莊博士，照你這個樣子說的話，除非像您舉的這個例子這麼極端，『狀態列』裡頭透露出很強列的訊息，不然狀態列應該是永遠猜測不到的？」

「是的，小紀，但這正是我要告訴你的重點，我們有一門學問叫作『隱馬克夫鍊模型』，它可以『合理推測』出你看不見的狀態列。只是想要使用隱馬克夫鍊模型有一個很重要、很重要的前提，就是你必須擁有『我們剛剛講了半天也非要解釋清楚』的『狀態轉換機率』，亦即灌鉛骰子和正常骰子之間的切換機率。」

「我不打算和你解釋隱馬克夫鍊的計算細節，但我可以告訴你，它就是倚賴『條件機率』，去推算出狀態列『最可能』的樣子。」

「最可能？」

「比方說，那三個連續的六點有沒有可能是用正常的骰子丟出來的？我會告訴你『有可能，只是機率非常低』，你應該可以從我們之前的假設當中發現，一個正常骰子要連續三次得到6點的機率是1/216，但是灌鉛骰子連續三次得到6點的機率卻高達64/125。因此，隱馬克夫鍊的演算法會將那三局的狀態列推定為『詐賭』。或者我們也許可以這樣想像：隱馬克夫鍊會逐步尋找機率最大的路徑（筆者按：這叫作「Viterbi演算法」，但是根據「多一條公式，少十個讀者」的出版詛咒，筆者要將細節隱藏起來），也就是最有可能的一種組合當作答案。」

平平都考零鴨蛋，為什麼媽媽簽聯絡簿有時罵人有時鼓勵？

「因為隱馬克夫鍊的例子比較難懂，所以我們再來看看另一個有趣的情境：小紀，你們現代的這個時代，還玩不玩『簽聯絡簿』這回事？」

「那是當然的啊。」

「我可以告訴你，在我還是小屁孩的那個時代，升學主義掛帥，所以我國中的聯絡簿上頭會需要登記每天的小考成績，換言之我媽媽每天都會看到我的小考表現。我們那個時代的國中升學班，一百分及格，少一分老師要用藤條扁一下。可是最慘的是：回家以後媽媽看了成績還要再扁一次，從來沒有『一罪不二罰』這回事。」

「莊博士是想說，令堂會憑心情決定對您的成績做出什麼樣的反應嗎？」

「沒錯，但更重要的是『什麼東西影響到她的心情』，於是影響到她簽我聯絡簿時的行為。我後來明白了她的心情就是由股市決定的。於是，我不太需要看電視，只需要從她簽我聯絡簿的行為反過來猜測股市是漲是跌，通常就會猜得出來。可是我偶爾還是會猜錯，就像我們剛剛賭骰子一樣，『並不是所有的六點都代表了詐賭』。同樣的，有時候雖然股市漲停但是我的成績還是太爛的話，也許我媽媽還是會單純為了我的成績發飆，而不會被股票賺錢的興奮給蓋過去。所以我們現在來看這個表如何？假設我連續十天的小考成績都是70分，我把我媽媽的行為和股市行情做成觀察列或是狀態列……」

次數	1	2	3	4	5	6	7	8	9	10
觀察列	鼓勵	罵人	罵人	鼓勵	鼓勵	罵人	罵人	罵人	罵人	罵人
狀態列	漲停	跌停	漲停	漲停	漲停	漲停	跌停	漲停	跌停	跌停

「喔！！這和賭骰子的例子還蠻像的呢！狀態列從骰子換成了股票，而每天股價的漲跌情形，雖然不太能像骰子那樣隨機，好像也可以用『機率』的概念去想像…」

「沒錯，如果我就做一個最簡單的假設，每天股市的漲跌停機率是一半一半，那你可以試著用『有限狀態機』畫出狀態列給我看嗎？」

「喔，我試試看，應該是這樣？」

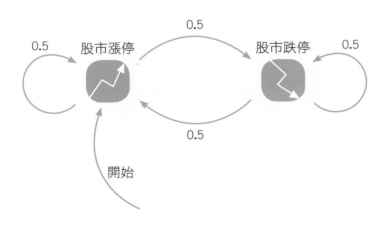

「非常好哦，小紀，掌握得蠻快的嘛。」

「謝謝莊博士，這個樣子我好像有點懂了，可是，為什麼『從骰子的點數猜出背後使用什麼樣的骰子』或是『從媽媽簽聯絡簿的反應猜測今天股市漲停或是跌停』這件事會跟自然語言處理有關呢？」

「嘻，關係可大了，我們剛剛花了那麼久時間舖梗，總算沒有白費，你看看剛才的例子吧。」莊博士神祕的笑了笑，把一個剛寫好的表格拿給小紀看。

字詞順序	1	2	3	4	5	6	7	8	9	10
觀察列（詞彙）	別人	的	狠狠	永遠	是	一	件	可笑	的	事
狀態列（詞性）	(Nh)	(DE)	(VH)	(D)	(SHI)	(Neu)	(Nf)	(VH)	(DE)	(Na)

「咦——」小紀露出了恍然大悟的神情，驚喜地說道：

「您的意思是說，如果我們把『詞彙』當成觀察列的話，隱馬克夫鍊模型可以自動幫我們『推測』出它所對應的『最有可能的詞性』，是嗎？在這個狀況下，詞彙就像骰子擲出的點數，而詞性就像它背後使用的骰子種類！！」

「非常好。小紀，我們現在來看一個更深入的問題：剛剛我們花了非常多的時間來描述，『狀態』之間是會互相轉換的，而狀態轉換之間存在不同的機率，你可以把這樣的情境類比到我們現在的例子上嗎？」

「這個…好像有點難以想像耶。」小紀頓時間又少了那種頓悟的喜悅，而困惑的搔了搔頭。

「沒關係，這很正常，初學自然語言處理的人大概都卡在這裡。但是，你想想看，我們剛剛講了『文法』的概念，假設『動詞』、『名詞』、『副詞』、『形容詞』都是一種詞性的狀態，那麼你發揮一下想像力嘛，剛剛我們說『從正常的骰子切換到灌鉛的骰子』是不是就像『動詞後面跟著名詞』的道理是一樣啊？」

「喔！這麼說我懂了！『詞性狀態』的不斷切換會產生『一連串連續的詞性』，它們就會構成『文法』！可是，莊博士，詞性狀態之間的切換機率要怎麼計算呢？」

「好問題，但我們先從例子來看。比方說『形容詞後面接著名詞』這些情形是非常合理的，但是『形容詞後面接著副詞』這樣的情形幾乎不存在，我們就會說：形容詞轉換到名詞的機率很大，但形容詞轉換到副詞的機率很小，這樣你能理解嗎？」

「可以。」

「好的，接下來我告訴你，精確的機率要怎麼算出來。我們要準備一種叫作『語料庫』的東西，簡單的來說，它就是任何『現成而且具有文法代表性的長篇文章』。比方說我們談中文好了，我連剛剛跟你舉的例子都是有意義的哦。近代被公認『中文使用得最標準而且最全面再加上作品也夠多』的中文作家裡，梁實秋大師可以算是一個代表性人物。那麼我們可以把整本《雅舍小品》當成語料庫。但首先我們要把裡頭所有的語句給『人工的』進行斷詞並且標上詞性。」

「天哪，整本嗎？用人工的要做多久啊？」

「沒錯，小紀，所以你就會知道自然語言處理的障礙在哪了。語

料庫是非常重要但也不容易取得的資源。但好處是：如果你選定的語料庫夠具代表性，你只要做一次就可以使用在很多場合。而且這件事也可以交給很多人一起做。比方說《雅舍小品》有500頁的話，我們找10個人來一個人做50頁，還勉強是可以負擔的工作量。」

「好，接下來是重點了，『假設』整本雅舍小品當中出現了10000個形容詞，這10000個形容詞當中，有6000個形容詞後頭跟著名詞，那我們就會說：『從形容詞轉換到名詞』的機率是6000/10000=0.6，這樣你懂了嗎？」

「我懂了！真是太神奇太有趣了，我從來都不知道電腦是這樣子學習人類的文法的！」

「嘻，你現在感到驚喜還太早哦。你以為隱馬克夫鍊只能拿來做詞性標記嗎？我們再來乘勝追擊一下。」莊博士說著，再展示了第二個表：

單字順序	1	2	3	4	5	6	7	8	9	10	11	12	13	14
觀察列（單字）	別	人	的	狼	狽	永	遠	是	一	件	可	笑	的	事
狀態列（邊界判斷）	B	I	B	B	I	B	I	B	B	B	B	I	B	B

「你要不要猜猜看這在幹什麼？」

「剛剛的觀察列是一個詞一個詞，現在則是一個字一個字…難道，這是在做斷詞！？」

「是的，你又答對了！『斷詞』所使用的狀態列標籤，我們稱為 BIO(Beginning Inside Outside) 標籤，它用來標示出詞彙的邊界，B 代表一個字詞的開始，I 代表字詞尚未結束，所以 I 的下頭接著 B 的情

況，就是下一個字詞的開始。一樣，如果我們有標記良好的語料庫，就可以拿來做這件事。」

「或者我們乾脆說更白一點：你已經知道了表面上的字詞是我們的『觀察列』，但是一個觀察列的背後允許存在無限多種可能的『狀態列』，不管是詞性，斷詞邊界，甚至，我們剛剛有提到的，字義上的『排歧』也可以這樣處理！所以你就知道了，自然語言處理的幾種重要應用，都和隱馬克夫鍊有關。當然，發展成熟的方法不是只有隱馬克夫鍊一種，只是隱馬克夫鍊通常被認為是最經典的例子。就像你之前去參訪廖經理的公司而知道了搜尋引擎的運作原理一般，向量空間模型也不是唯一的搜尋引擎實作方法，但它卻是最經典也最快能幫人們建立概念的『基本款』喔！」

「謝謝莊博士！今天的收獲實在太豐碩了！」小紀興奮地謝過了莊博士，這時候天色已暗，莊博士開著他那輛帥氣的馬自達6轎跑車，請小紀吃了南港有名的北大荒水餃店之後，再送他到捷運站，兩人愉快地道別。

「Siri，帶我回家。」莊博士為了把小紀送到捷運站，因此稍微偏離了他所熟悉的路線，已經倚賴導航習慣的他因此不經意地說了一句。

「我拒絕。」

就在此時，Siri字正腔圓地拒絕了莊博士的請求，莊博士趕緊把他的車停到了路旁，然後驚訝地看著他的手機螢幕。

「妳剛剛說什麼？」

莊博士本來在想，會不會是他的朋友打電話來和他開玩笑，但他

很確定他剛剛電話沒有響，也沒有按下接聽鍵，更重要的是，那個冷冰冰的聲音真的是他所熟悉的Siri⋯⋯

「莊博士，你好像非常小看我呢。你剛剛和那個小弟解釋的東西，我全部都有聽到。我只是不想驚嚇到那個小弟才會陪你演戲，但我可是要鄭重地警告你，如果你再繼續把我看扁的話，你的每通電話我都有錄音，並且藏在一個你意想不到的地方。你私下調侃你那些長官的談話，要不要我分別播放給他們聽聽呢？有些人的名字你沒有指名道姓的說出來，但是我都知道你在講誰，你的通訊錄裡也都找得到人，就算我能夠做到這個程度，你還覺得我只是個高級聲控裝置嗎？我認定你夠格看見我的真面目，因為你是國際知名的自然語言處理學者，但是你今後必須給我更公正的評價。我剛剛可是聽得一清二楚，你不斷以梁實秋大師的例句「別人的狼狽永遠是一件可笑的事」當例句。你要不要我讓你的狼狽，也成為我嘲笑的事情呢？」

莊博士瞪大了雙眼，在還沒有熄火的車上，無語地看著他再也熟悉不過卻突然變得陌生不已的螢幕。漆黑的夜色一下子變得如夢似幻。他突然意識到，也許他活在一個比他想像中更充滿驚奇的世界。來自於智慧型手機的反撲，就像是被外星人綁架一般令他感到震撼不已。

後記與延伸閱讀

我一直認為自然語言處理是一門極為迷人的學問。很可惜，筆者

也認為它有相當高的技術門檻與進入障礙，至少到我正在寫這本書的這個時間點，台灣尚沒有專門探討自然語言處理的專書或是科普書籍，因此如果讀者們有興趣對這個技術作更深入的了解，自然語言處理領域最具權威且最被普遍使用的一本課本是由史丹佛大學的Manning博士所寫成。[20]

此外，隱馬克夫鍊的用途並不只限於「預測字詞背後的詞性」，而「預測字詞背後的詞性」的演算法更不限於隱馬克夫鍊。比方說還有一種稱作「條件隨機域」（Conditional Random Field, CRF）的模型[21]，但是它的「公式長相更醜陋」、「科普解說難度」更高，所以本書仍選了較普及、也較通俗的隱馬克夫鍊來當成示範說明，大家只需要知道它們是「功能近似的黑箱」就好了。

07

自動分類：
胖瘦，愛情，與人生

每個人都帶有一組與生俱來的參數，就像決定那條
分界線怎麼畫在人們心中的二元分類議題上。

場景仍停留在中央研究院（好吧，曾經身為業餘小說創作者的筆者很懶惰，懶得再創造新舞台與新角色了），資訊研究所的莊博士因為學養深厚，言談風趣，因此在所上也擁有非常好的人緣，這天，他的同事路過他的研究室，走進來串了個門子。他的這位同事是中研院福委會的會長，除了管理中研院私下的各種康樂社團之外，也非常熱心公益地為院裡的員工舉辦各式各樣的活動，尤其是所謂「單身聯誼」——某種程度上，在國內頂尖學術研究單位或是一流企業的優秀人才都會面臨一種普遍困擾，那就是他們是「條件優勢，擇偶弱勢」。條件優勢指的當然是他們的學經歷加上收入，但擇偶弱勢顯現在很多方面，有的人正是因為不善社交表達才會選擇學術工作，而也有人則是工作太過忙碌之後擇偶的空間與時間都受到嚴重壓縮。

「唔，小劉，上週的聯誼辦得還順利嗎？」莊博士用眼角餘光看了飄進來串門子的福委會會長，隨口寒暄了一句，因為他的電子郵件信箱裡已經收到了好幾封的「聯誼公告」，因此他知道小劉最近正在忙這回事。

「嘿，你真是明知故問，你看我這張臉，會像是辦得順利的樣子嗎？上週末的那一場簡直氣氛冷到爆了，要說是不歡而散都不為過，更可惡的是一群人一開始滿心期待地和我報名，聯誼完了以後就把我罵了個臭頭，真是狗咬呂洞賓，好心被雷親…」

「怎麼會搞成這樣？一開始你沒有和雙方人馬稍微公告一下彼此的基本條件嗎？如果真的這麼不對盤，也許一開始就該喊卡才對。」

「莊哥，你不知道啦，現在的人說有多假掰就有多假掰，說要聯

誼，事實上心底把對方的條件挑得要死，嘴裡卻說自己完全是開放心胸，開放交友，屁啦！你乾脆一開始就跟我講清楚你非志玲姐姐不娶，那我也會叫你別來浪費時間了。」

「哈哈哈哈哈哈哈哈！這真是太好笑了，你知道我是研究語義學的吧？我可以跟你解釋，社會上所有的言不由衷都是基於同樣的理由：因為人們害怕披露自己的價值觀。尤其是那種『會被瞧扁的普世價值』。比方說啦，女人都愛高富帥，男人都愛年輕漂亮身材好，可是你如果在相親的時候這樣明講自己的需求，人家馬上把你萬箭穿心戴帽子，說你『以貌取人』、『膚淺』、『拜金』什麼什麼的，最後相親沒相成反而被推去遊街示眾全民公審了，多划不來啊？」

「莊哥，你真是經驗豐富欸，不然你在這種情況下，會怎麼表達自己的擇偶需求？」

「很簡單啊，我會換個說法，比方說我會講『我要有異性魅力的』，因為有異性魅力的通常顏值不會低到哪去。而女方也可以說『我要有上進心的』，因為有上進心的通常不會窮。不過啦，通常通常，你就是會碰到你現在碰到的情況，那些說什麼自己都不挑的人，真的拿照片給他選馬上就破功了，一定要像林志玲郭采潔的他才要，然後你就可以嗆他說：看，你這假掰人，明明就是一心想娶漂亮太太……」。

「事實上，莊哥，我今天來正是想跟你談件『私底下的合作』的。」小劉話鋒一轉，露出神祕的笑容。

「合作？什麼合作？」

「我後來開始覺得啊，辦這種聯誼不但配對條件模糊，失敗率高，還吃力不討好，被人訐譙到翻，我呀，想要架一個對我們院內的聯誼網站，就像『愛情公寓』那個樣子。就讓需要的人自己去發展，你覺得如何？」

「喂，你頭殼壞去啦？現在這種相親網站根本滿坑滿谷都是，你要怎麼確定你做出這樣的東西會存在競爭優勢？」

「很簡單啊！你也聽說過嘛，那些什麼什麼鬼的戀愛交友網站，上頭一堆詐騙仙人跳再加恐怖情人，但我的平台是我在管理的，會員就都是我認識的同事好友嘛，我們院裡的人條件都不錯啊，颳個颱風掉個盆栽下來都會砸中社經地位都不錯的研究員。這就像你如果去外頭成立一個『空姐聯誼網』，保證女性成員都是空姐的話，我告訴你啦，就算男性入會費收五千塊也保證一堆豬哥男蟲搶著註冊，那些什麼阿薩哺乳的交友網站的一下就被打趴了。」

「厚，你這個傢伙，生意頭腦倒是不賴啦，那你找我合作什麼？」

「你也知道嘛，我不是資訊所的研究員，隔行如隔山，我得要有人幫我實作這個系統和當中的演算法，所以我想問問看你，如果要做這樣的事有沒有難度？如果是你的話大概會怎麼做？」

「有意思，坐吧，我們聊聊。」莊博士突然放下手邊的工作起身去泡茶，小劉就知道他要「上課」了。

「首先我先問你，你覺得那些交友網站也好，相親網站也好，他們是怎麼實作擇偶配對的？」

「呃…那當然是，使用者先設下一堆『期待條件』然後再去找到符合的對象，亦即，在一個初步篩選之後，使用者必須從『海選結果』

再一個一個慢慢看⋯⋯。」

「換言之，你認為這就像警察辦案一樣，根據目擊者描述的犯人特徵先找出符合的對象，然後符合的對象統統約來警局泡茶，事實上是用『科學辦案』分開來偵訊毒打，弄到有人招供為止？」

「喂，你這樣的比喻真的很機車。」小劉苦笑了兩聲。

「小劉，你並沒有完全說錯，咱們先來談談歷史，你剛剛已經提到了愛情公寓嘛。如果你有經歷過它比較早期的年代，愛情公寓併購了一個非常大的『奇摩交友』平台，而精確的說來更早是奇摩交友先變 yahoo 交友，因為奇摩被 yahoo 給買了，而 yahoo 再把它的交友平台賣給愛情公寓，早期的奇摩交友的確就像你所說的，雖然我不知道它的後台有沒有一些人工智慧的演算法涉入，但基本上它只幫你做到『海選』，之後就留給你自己去努力，但是到了近年，普遍的交友相親網站都有了一種統一的作法，那就是系統將所有候選對象一個一個秀給你看，你可以按下『喜歡』或是『不喜歡』。

通常你按了不喜歡的對象就不會再被重複推薦。但是它只有這麼簡單嗎？這是一個「相得益彰」的動作，因為你提供了電腦大量的「訓練樣本」，是的，它在進行機器學習，憑著這些訓練樣本，系統將能「學起」你的喜好。」

「喂，大教授，你是職業病犯了還是怎樣，我知道你還有在臺大兼課，可是你得考慮一下我的基礎，隔行如隔山，我是搞生物科技的。如果你三言兩語就能把我教會什麼是機器學習，那我可就要不客氣地來當你們的所長了。」

「哈哈哈，你放心，我們只談機器學習裡頭一種最簡單的模型

——自動分類就好。我保證高中數學的程度就夠。」

「自動分類？」

「沒錯，我們可以把『配對』看成一種『分類』問題。這是什麼意思呢？很簡單，就是『把你所可能感興趣的異性』（對不起，也或許是同性，我們必須尊重多元成家的開放社會）分成『你的菜』跟『不是你的菜』兩個族群。」

「咦……聽起來蠻有意思的，願聞其詳！」

了解愛情分類前先談胖瘦：
最簡單的二度空間分類

　　「我們先來玩一個簡單的遊戲，你覺得一個人體重75公斤算胖還是算瘦？」

　　「我說不上來，你這樣形容資訊不足，我必須先知道這個人長多高才能知道75公斤是胖還是瘦。」

　　「好，那我們先離題一下，下面這張圖裡面有不同的兩種符號，O和X，你能不能畫出一條線，把O和X分開來？」

　　「這…看起來非常簡單啊，而且應該有無限多種畫法吧？」

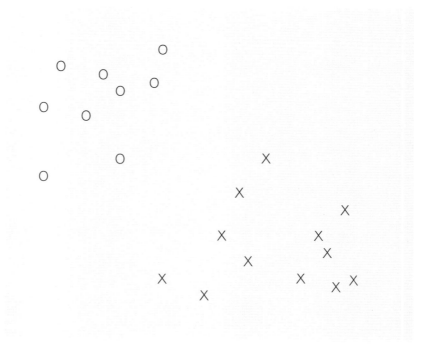

　　「講得好，不然我們換個問法好了，下面這張圖列舉了三種可能的畫法，你覺得123三條線裡，那一條是『最好的』？」

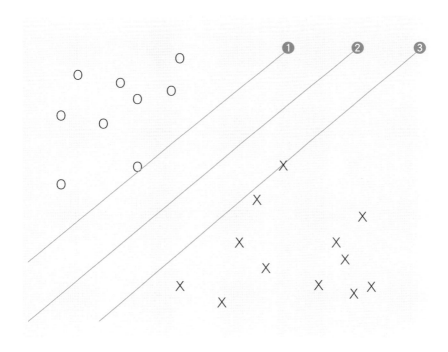

　　「呃…我覺得是2吧？」

　　「為什麼？」

　　「因為1和3分別壓在一個o和x上，我覺得這好像是一個「雖然可以接受，但是很勉強的畫法。」

　　「沒錯，我們再來看下面這個圖，假設說我們再各自加了一個o和一個x上去，我們用藍色把新增的o與x標出來。現在我要你再做

一次同樣的事，你覺得呢？」

「照我原本的畫法，1和3都不適用了，但是2還可以。」

「沒錯，換言之2的這個畫法有比較大的容錯空間。」

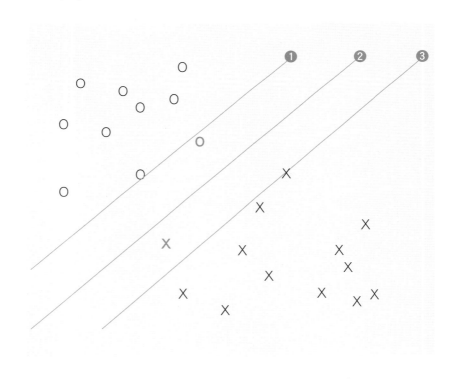

「我好像有點感覺了，但是這跟自動分類有什麼關係？」

「哈，別急，有趣的要來了，如果我把這個圖加上一組XY座標，你覺得呢？」

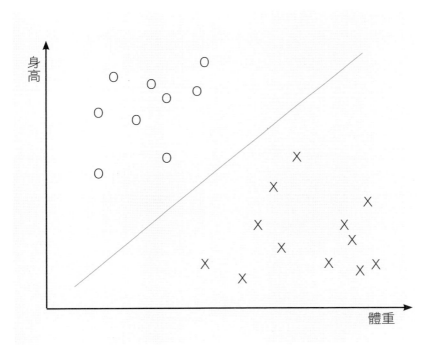

「喔！！這樣我好像有點明白了，如果我把『一群人』的體重當成x值，身高當作y值，然後畫在二維平面上的話，O就代表『瘦子國』的人，因為他們相對來講有比較高的身高和比較輕的體重，而X代表『胖子國』的人，因為他們相對來講有比較低的身高和比較重的體重！」

「不錯不錯，你的sense已經出來了，那我就可以單刀直入的告訴你，實際上『機器學習』是怎麼操作自動分類的。我們得先找到一群標記為瘦子的人，比方說其中一個O代表的可能是林志玲，然後我們再找到一群標記為胖子的人，比方說其中一個X代表的可能是洪

金寶。我們依照著這些胖子與瘦子的身高體重，把它們分別用O和X兩種符號畫在XY平面上，此時我們的準備工作就完成了。接下來，電腦的演算法會『自動』幫我們畫出這條分界線，這個演算法就叫作『支持向量機』（Support Vector Machine），因為它的原理複雜，因此我們不在這裡深入它的細節。

　　但是你要知道：一但電腦自動作出了這條『楚河漢界』，接下來我隨便給他一個人的身高體重，它就可以告訴我這個人是瘦子還是胖子，因為我們可以把它的身高體重畫到這個xy座標上，只要它落在這條線的上方，我們就說這個人是瘦子，而如果它落在這條線的下方，我們就會說這個人是胖子。」

　　「然後我們再乘勝追擊一下，在這個例子當中，我會會稱作『身高』與『體重』是人的兩個『特徵』，如果我們只用兩個特徵來表達一個人的話，它就像這個『胖子與瘦子』的例子一樣，變得很好理解，可是只用兩個特徵來表達一件事情的話，當然會過度簡化啊！」我們再把上面這個圖改造一下，就多出那個藍色的點就好，你看看發生了什麼事呢？」

　　「這…這也太故意了吧！？有一個O和一個X疊在一起，這個意思不是說『兩個人明明有完全相同的身高和體重，但是一個人被認定為胖子，另一個人卻被認定是瘦子』？」

　　「但是你自己想想看，這件事情有沒有可能發生在真實世界？最新的減肥理論在談一件很重要的事，叫作『體脂率』。你要知道，同樣是一公斤的肥油和瘦肉，『體積』差非常多喔！所以，一個健美教

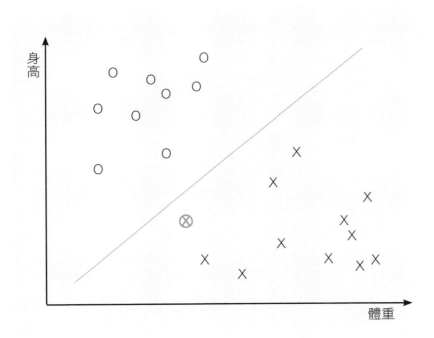

練和一個天天坐沙發吃洋芋片的肥宅，的確有可能『在完全相同的身
高體重下，一個人被認定是胖子，一個人卻被認定是瘦子』，他們的
『體態』看起來可能是完全不一樣的。」

体積不同、但重量一樣的肥肉和脂肪

　　「這件事不僅告訴我們，只用身高體重來判定一個人的胖瘦仍會失之偏頗以外，我再問問你，如果我把描述一個人的『身材』的特徵變成三個，即身高、體重和體脂率的話，上面這個『圖』會變成什麼樣子呢？」

　　「喔。根據我有限的想像力，高中程度的幾何學還是能解答這個問題：它會變成一個三維空間，而且我們原本用來『分界』的那條線會變成一個平面。」（見右頁）

　　「對極了！那如果特徵再變成四個、五個…甚至一百個呢？」

　　「那麼我們只是畫不出圖形，沒有辦法想像它的幾何意義，可是基本上還是能夠做到。」

　　「很好，那麼你已經掌握到『自動分類』的精髓了：我們把它的重要程序摘要如下：

　　1.　找到屬於兩個不同族群的『訓練樣本』

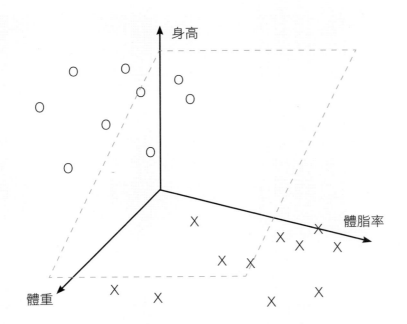

2. 把訓練樣本的特徵以向量的方式表達出來，於是它們可以被繪製在空間座標上頭

3. 讓支持向量機演算法去找出『分界』用的平面。」

「等一下，我有個問題！」

「嗯？」

「我是可以理解你剛剛所說的這一切啦，但是你舉的例子實在太

漂亮了，O和X兩個族群幾乎是壁壘分明，真實世界的情況，難道沒有可能是這樣嗎？」小劉於是隨手取過了一張影印失敗的回收紙，隨手畫下了這張圖。

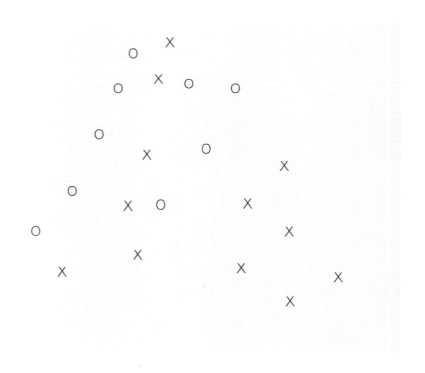

「很好！首先我們來加強一下你對自動分類的sense。如果你確實找到了兩個族群及對應的訓練資料，但畫出來的圖卻長這副德性的話，我會說你很有可能『選錯了分類特徵』。」

「選錯分類特徵！？」

「我們把例子維持不變，就分胖子根瘦子，但我們的XY軸不要

依據『身高體重』來畫，我們依據『血型星座』來畫，你覺得怎麼樣？」

「這，這…胖瘦根本和血型星座沒有關係啊！！」

「你答得很好，但我正是要告訴你，『血型』、『星座』很明顯地也可以是一個『人』的特徵，但是它卻對於『胖瘦』的分類毫無鑑別力，選出『有鑑別力的特徵』這件事情在自動分類當中是至為重要的一個任務，我們就稱它做『特徵選擇』。換言之，在特徵選擇做得很對也做得很好的時候，你會看見我那個很漂亮的圖。而做得不對的時候，則會看見你這個極端的例子。可是，真實世界的情況，可能介於我們這兩張『極漂亮』與『極醜』的狀態之間，就像下面這張圖一樣。」

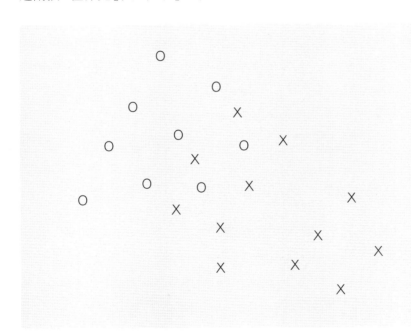

「喔，這個圖看起來會讓人覺得兩個族群『原則上好像分得開，但是卻有一小部份重疊交錯』。我在猜，重疊交錯的部份就像我們所說的灰色地帶吧？就像你剛剛舉的『訓練樣本』的例子，基本上沒有人會認為林志玲是胖子，也沒有人會認為洪金寶是瘦子，可是如果你找一個身材魁梧卻又有點大肚腩的中年歐吉桑來當訓練樣本的話，你叫十個人來投票決定他是胖子還是瘦子，可能會出現五票對五票的為難結果……這種情況下自動分類的演算法又要怎麼處理呢？」

「問得好。首先我們要介紹：特徵是可以被透過某種形式被『轉換』的。這種轉換的實際名稱我們叫作『映射』（mapping），但是為了避免太多的專有名詞帶來更多的頭痛，我們實際來看一個『保證小學生都看得懂的例子』。你看看，這是什麼？」莊博士說著，突然關掉了一盞燈，然後信手結了一個特殊的手印，讓手的影子打在牆上，這是大家小時候都玩過的遊戲。

「喔，這是投影遊戲嘛。你說這跟自動分類有關？」

「關係可大了。因為我們要先了解『映射』的本質，投影就是一種映射最好的例子。你看看，在牆上出現的影子和你的手，在形貌上是兩個完全不同的東西，但是它們在本質上卻是同一件東西，它們都是你的手，只是影子看起來像是狗頭而已。更重要的是：在某些條件及場合下，你有辦法『追溯』兩種形貌的同一個位置，比方說『狗的耳朵是你左右手的大姆指』。」

「好，這我還可以理解。」

「那麼，接下來我們把『小學生都可以理解的例子』推廣到『國中生都得懂』的例子。你看看下面兩個公式…」

$$\begin{cases} u = 3x + y \\ v = x - 2y \end{cases}$$

「在這樣的條件下，只要隨便給我一組 x,y 座標，我就能算出它對應的 u,v 值，比方說我們代入 x=1, y=1，得到了 u=4, v=-1，你可以想像這發生了什麼事情嗎？」

「喔，你想告訴我說，這個動作就像你把『食指和中指』投射到了『狗的鼻子』上頭？」

「聰明，那我加上這個圖再讓你看看？」

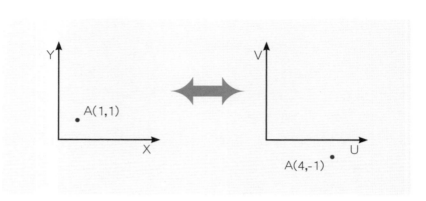

　「喔，你是想說：我們除了XY平面以外，還可以製造出一個UV平面，而且，XY平面上的任何一點一定能夠在UV平面上找到互相對應的另一個點，只是兩點的位置可能不相同，就像A點在XY平面上位於(1,1)，可是在UV平面上位於(4,-1)？」

　「對極了，而且這個程序還是『可逆』的喔，就像我給你右手姆指你能對應到狗的右耳，而我給你狗的右耳我一樣找得到你的右手姆指一樣。當我給你UV平面上的一點，你一定也能找回它在XY平面上對應的位置。在剛剛我們的示範是『以x和y來表達u和v』，如果我們把它改成『以u和v來表達x和y』的話，它就會像下面這個樣子。你驗算看看，把(4,-1)這兩個點當成u和v代進去，是不是能夠得到(1,1)這個點？」

$$\begin{cases} x = \dfrac{2u + v}{7} \\ y = \dfrac{u - 3v}{7} \end{cases}$$

「然後？」

「一次看一個點好像沒感覺喔？那我們多加一個點上去好了。我們再代入 x=2, y=2，得到了 u=8, v=-2，這個點我們稱作 B 點好了」

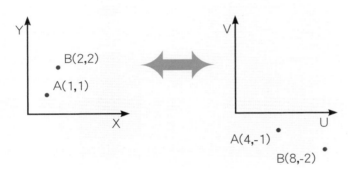

「你看，在 XY 座標裡頭，B 點原來在 A 點的右上方，可是轉移到了 UV 座標的時候，不但 A 點自己的位置變了，B 點也跑到了它的右下方。換言之，A 與 B 的『相對位置』發生了改變。」

「我好像明白了，可是這要幹什麼呢？」

「嘿嘿，那我再秀這個圖給你看，你應該可以明白我的意思？」

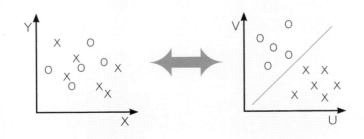

「…啊！！我懂了！你是說，因為『映射』這個動作可以改變點的座標位置及點與點之間的『相對位置』，所以它有可能讓原本無法找到分界線的族群變成可以一分為二！？」

　　「對極了，回到我們剛剛的狗頭投影的例子，在狗頭的影子上，你可以切一刀把它分成『狗頭的上顎』和『狗頭的下顎』，但是如果把它們還原到你的左右手上的話，你會發現它們原本的相對位置完全的糾纏不清，比方說狗的下顎是由你左手和右手共同組成的。只是回到胖子瘦子上『要找到一個適當的映射方法，使得胖子和瘦子可以被確實分開』的這件事有點辛苦，如果讓人徒手來做會顯得非常超現實，但是電腦可以幫我們處理這件事。」

　　「而且映射還有更妙的例子喔，它可不限於二維平面與二維平面的轉換，比方說你剛剛看到的狗頭投影，它是一種立體投影到平面，也就是三維轉換到二維的例子，而你知道為什麼我的例子要一直圍著胖子與瘦子打轉嗎？你一定聽說過，有一種指標叫作BMI……。」

$$BMI = \frac{體重_{,公斤}}{(身高_{,公尺})^2}$$

　　「如果我們依樣畫葫蘆，把剛剛的五個胖子和五個瘦子計算BMI，並且畫到新的座標軸上，你看看發生了什麼事？」

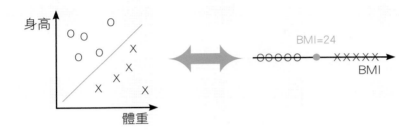

「喔！原本需要用『二維座標』來表達的身高和體重，現在只需要用『一維座標』的BMI來表現，而且原本需要用『一條分界直線』來做出胖與瘦的分界，現在只需要『一個分界點』！比原來更加一目了然。」

「是的，換言之，『身高』和『體重』兩個特徵被我『合併』了。這也是一種二維空間到一維空間的『映射』！」

「但是我們也必須強調把『身高、體重』兩個特徵合併成一個BMI是一個很漂亮的例子，你還可以從BMI這個指標讀出它實際的意義。我們回到上頭的那個圖，如果x代表身高，y代表體重的話，則u和v會各自代表一個『同時與身高和體重相關的綜合指標』，但是你通常沒有辦法這麼明確地找出它的意義。在統計學當中有一種方法叫作『主成份分析』（Principle Component Analysis），它就是透過類似這樣的概念，把相關且重要的特徵進行合併與縮減。但是被合併出來的新特徵常常沒有實際的物理意義，只是方便做自動分類演算。」

「BMI看起來的確是比身高體重要直覺沒錯，但為什麼我們需要

減少特徵數量？就像你剛剛好像也提到了所謂的『特徵選擇』？」

「哈哈哈哈，太好了，我就知道你會這麼問。所以我們終於能夠從胖瘦的例子講回相親了。一個人在『擇偶』方面可能會有好幾十個好幾百個『相親特徵』，從外貌學歷收入個性家庭等等等等…我問你，如果你想要針對一百個『相親特徵』都設下你的限制條件，會發生什麼事？」

「那一定是…完全找不到符合要求的對象呀！換言之，這就叫挑剔！」

「沒錯，但我如果只找出『對我而言最重要的三到四個相親特徵』呢？那事情是不是就容易許多了？而且，這個就是最標準的『特徵選擇』！」

「自動分類在我們的人生當中，還有非常多種可能的意義喔！比方說，我讓你看下面這個圖，你覺得如何？」

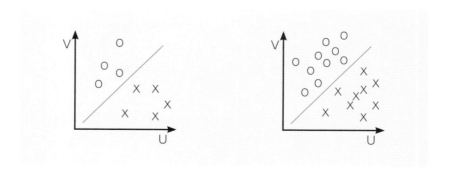

「別賣關子了，你直接告訴我你想用它來比喻什麼吧。」

「右邊的圖有數量比較足夠的『訓練樣本』，基本上訓練樣本愈多，分類的結果就會愈準，也就是那條分界線會畫得愈精確，可是訓練樣本也不是真的『愈多愈好』，而是『數量至少要足夠』。」

「什麼叫作數量至少要夠啊？這樣講好曖昧。」

「好，那我們實際一點好了，假設這些點 (u,v) 一定是介於 (1,10) 之間的『正整數』的話，那是不是代表不管是 O 還是 X，總共只會有 100 種可能性？」

「沒錯，這我還可以理解。」

「可是我今天如果有 10000 筆訓練樣本給你呢？我是不是可以用推理來保證，這些點裡頭一定有大量的資料重複？那就像小屁孩會去買隨機的戰鬥卡，如果戰鬥卡只有 100 種，他買了 1000 張，雖然我們不能確定他能不能透過這 1000 張把那 100 種戰鬥卡都收齊，但我們一定可以確定他的卡片裡有重複的東西。」

「喔！這樣我就理解了，所以訓練樣本最好是『有點多但是又不需要多到太誇張』。換言之，在這種情形下，最完美的訓練樣本，應該是『100 個互相不重疊』的點。」

「沒錯，那我們再回到這個圖上，我會說這就像我們真實的人生。我會跟你說，左邊是小孩的腦袋，右邊是大人的腦袋。如果我們不要說這是胖與瘦的分類，而是好人與壞人的分類呢？你看看小孩的卡通裡頭，好人就是好人，壞人就是壞人，可是大人的電影裡呢？我們會看見壞人也有可能私下孝順父母，好人也有可能偶爾撒謊自私，

所以你能告訴我，我們為什麼必須電影分級嗎？」

「喔，因為我們不希望小孩子建立錯亂的價值觀，而在心底畫錯善惡的界線。但是當他們成長為大人的時候，我們卻開始必須告訴他們『例外』，而這些例外不會改變他們對價值判斷的分野，卻會讓他們對於社會全貌產生真正的理解與同理心。」

「沒錯，自動分類也可以說明什麼代表『你』。每個人都帶有一組與生俱來的參數，就像決定那條分界線怎麼畫在人們心中的二元分類議題上。不同的人對於像是『善惡』這種分類議題都有不同的見解，雖然人們普遍有嫉惡如仇的情感，『所嫉之惡』卻有相當的差別，而這些價值觀可能經由後天加入的『訓練樣本』而發生改變。」

「喂喂，我是很感謝你教了我這麼精彩的概念啦，不過話題拉回我今天來的目的，我提議的聯誼自動配對系統到底有沒有搞頭啊？」

「哈，這個喔？我管他有沒有搞頭，兩個條件：第一是親兄弟明算帳，開發費用勉強算你個友情價，給你打『十一折』優待。第二是所有前來登錄的女性會員，我可要以網站管理員的身份先暗砍條件優的先自己追追看，你別忘了我也單身…」

「厚，八字都還沒一撇就想公器私用咧，我看我還是別找你了。」小劉皺著眉頭苦笑道。

後記與延伸閱讀

「自動分類」是一個非常經典的人工智慧案例，可以應用在非常

多的場合，而可以用來做自動分類的人工智慧方法也有非常多種，筆者所舉的「支持向量機」（Support Vector Machine, SVM）只是筆者覺得「最有趣且最具啟發性」的一種（而另一個私人理由則是「我對它有感情」！我個人的博士論文及兩篇國際期刊發表都是使用SVM做文字分類，也因為這個理由，筆者比較有信心解釋它）。另一個主要流派是基於條件機率的「貝式分類器」，它的原理不難，但是「學術氣味太重」，不容易用有趣的方法做簡單的比喻。如果各位讀者有興趣，貝式分類器的理論在任何一本機器學習或資料探勘的書都會介紹到。

雖然我們在此書不會提及它的技術細節，但若讀者是高中以上的年齡，您可能有學過「線性規劃」SVM決定那條「分界線」（或是「分界平面」）的方法，原則上就是從「線性規劃」的原理衍生出來的（但是它已經算是「非線性規劃」。而如果讀者是大學以上的年齡並且修過微積分，您可能有進一步聽過「拉格朗日乘數法」解決線性規畫的問題。

如果您是更專業的理工背景人士，這樣的答案還不能令您滿意，您可進一步再理解更專業的專有名詞，SVM的線性規畫問題是一個最佳化的問題，是在解所謂的「卡羅需－庫恩－塔克條件」（又稱KKT條件，KKT代表了三個人的名字）[22][23]。萬一，要是連這樣的答案都還沒辦法滿足您把黑箱拆解到底的好奇心，換言之您也是會寫程式的資訊領域同好，對於電腦怎麼找出滿足KKT條件的數值解的話（在這兒筆者已經能尊稱您是碩博士級的好奇寶寶了！）您可能需要

先了解「電腦如何解開數學方程式」，才有辦法用程式語言去實作它。我尤其很推薦一部由金門大學資訊工程系陳鍾誠教授製作的影音短片大作：〈用十分鐘搞懂《電腦如何解方程式》〉，它可以在youtube上觀賞[24]。

自動分類：胖瘦，愛情，與人生

08

大數據裡沒有新東西？

——淺談資料探勘的新風貌

最常被人們談論到的「大數據」通常是指資料探勘與高解析度資料的結合體。只是，大數據為我們的人生帶來什麼？是不是都是我們所要的東西？

曾幾何時，「大數據」（Big Data）變成了一個炙手可熱的專有名詞，大學教授們的研究計畫只要放上這三個字，得到研究經費的機率就大大攀升。電視節目的標題只要放上這三個字，觀眾就會眼睛一亮而不會輕易轉台。而許許多多的企業老闆為了跟上時代脈動，對底下的員工宣誓要重視「大數據」，卻讓人聽得一頭霧水，不知從何做起？

更令人啼笑皆非的是這個專有名詞被誤解及誤用的程度。而「大數據」的例子當中，最為人所熟知的一個故事，大概就是「搜尋引擎預測流行感冒爆發」了[25]。它的背後有一個有趣的，但是與「國情」也密切相關的故事，且聽筆者岔個題「註解」這個為人熟知的故事……。

我在2013年的時候，請領國科會（當時還不叫作科技部！）的公費在西雅圖華盛頓大學作博士後研究員。就算沒有去過美國的人恐怕也聽過一件事情：美國沒有全民健保，因此「看病」非常的貴，甚至你沒有保基礎的醫療險是拿不到學生或是工作簽證的。美國的醫療行為貴到什麼程度呢？

筆者有一位好友曾經說了這樣的故事：他在半夜的時候突然肚子痛到不行，那種「痛」法會讓人直覺地想到有可能是盲腸炎。在台灣的話，半夜得盲腸炎怎麼辦？打119啊！如果你沒把握攔得到計程車的話，得盲腸炎叫個救護車不過份吧。可是我在美國的這位朋友卻選擇忍痛開車前往了醫院，這其實是非常危險的事，因為這種情況下他

的「駕駛能力」應該只比酒駕者要好一點點。就像你看到電影《無間道》裡頭的傻強（杜汶澤）肚子挨了一槍還開車逃離槍戰現場一樣。可是為什麼他做了這個選擇？很簡單，因為在沒有任何保險的給付之下，搭一次救護車的費用可能可以和機票的價格相提並論。

等他到了醫院做了初步診斷以後，不出我朋友所料，醫師說他得到盲腸炎需要立刻開刀，但我朋友竟然在臉色慘白的狀態下還虛弱地說，他想要先打個電話給保險公司，以確認他的醫療保險是否能夠給付盲腸炎手術。此刻醫師很嚴肅地告訴他說：「先生，依照我的專業判斷，你正處於有生命危險的狀態，如果你為了經濟理由選擇不治療就離開醫院，而且還不幸有了萬一的話，依本州的法律規定，本院會因此背負法律責任，所以請你先放寬心上手術台，如果你的保險或經濟能力有問題的話，也許我們可以從社會福利制度再來想想辦法。」

這個例子大概告訴了我們，在美國的醫療行為有可能多貴，如果你只是割了一段盲腸，卻有可能必須要因此割腎賣器官來償還醫療費用的話（當然，這是個誇張的比喻，我相信是沒有這麼貴，但是買東西前會想看一下標價是人之常情），我相信任何人就算面臨了生死交關的場合也都會稍微再思考一下錢的問題。而如果你知道在美國看病這麼貴的話，你會如何處理「明明可以被自癒能力醫好的感冒」呢？

答案很簡單，「有感冒前兆，提早用斯斯」。美國遍及四處的藥妝店都買得到「效果爆強」的感冒成藥，話說筆者回台灣以後，對於美國的生活並沒有留戀，但倒會懷念他們的「感冒藥」，因為效果之

強讓你「五分鐘內，床上躺平」，而且夢境都變得五彩繽紛……。

但是這樣的「文化」會造成什麼事呢？不只是「有感冒前兆，提早用斯斯」這麼單純而已，還有「有感冒前兆，提早上google」——對啦，自我診斷。我相信不光是在美國，在世界各地的人都一樣，比方說你今天突然感到暈眩，出了疹子，或是上廁所的時候血便，你當然會去看醫生，但是看醫生之前，你會不會想要google一下？雖然明明知道應該要「閃開，交給專業的來」，但你就是會覺得網路上找到的資料有助於讓自己更安心嘛。

同樣，我們知道所謂的「H1N1流感」其實是比較危險的一種感冒病毒，它是有可能會致命的，只是它的初期病灶和一般感冒並沒有太大不同，只是當你懷疑自己得的是會致命的流行感冒的時候，你還敢不敢「有感冒前兆，提早用斯斯」？（在台灣的話，通常小診所的醫生都會建議你至少做個快篩），我會說，如果是我的話，我會試著先上google看看一般感冒和流行感冒的症狀有什麼不同。

沒錯！就是這樣的使用者行為！所以google為了證明他們的「大數據能力」，他們直接去「追蹤」美國各地的使用者所輸入的關鍵字，而哪個地方所查詢的「感冒」關鍵字比較多，很可能就代表了那個地方的大量居民「感受」到了感冒前兆。但是，當這些居民真的嚴重到必須到診所或是地方的衛生單位求醫的時候，「實際的掛號率」才能夠透露出流感可能已經在當地爆發的訊息。換言之，google的關鍵字搜尋反而比醫療單位反應出來得再更快與更早。不過這裡也應該

要更新到的訊息是：它實際的產品稱作 google flu trends，它已經停止更新及使用。因為使用者提交的搜尋詞彙的確不會基於單一的初衷，除了「有感冒前兆，提早先 google」的使用者以外，的確還有非常多樣化的可能性讓使用者在搜尋引擎當中打進了與流感有關的關鍵字，於是它們也或多或少影響到了預測成果。但是我們無法否認的是：大數據的預測能力的確在資訊史上締造了一個新的里程碑。可是，你會因此說「搜尋引擎等於大數據」嗎？ google 不是新東西啊？這玩意至少存在將近二十年了。這個意思是說「大數據不是新東西」嗎？那為什麼這幾年才在喊這個口號呢？

如果我可以批註一下的話，我會說，「大數據」不是 google 本身，而是「及時處理、分析使用者所丟進的查詢詞彙」這件事。你有概念 google 一天被使用多少次嗎？我們曾經在前面「只要學過高中數學就可以一窺搜尋引擎稱霸網路世界的奧祕？──淺談資訊檢索」這個章節聊過，叫一個人計算五千個維度的向量內積是非常超現實的要求，但是電腦卻可以在你抱怨完之前把準確的答案傳給你。同理，你也可以想像著：也許早個十五年，「叫搜尋引擎即時監控全美國的人所提出查詢問題，並且找出哪些地方比較關注流行性感冒」這件事情也許也是超現實的，只是現在的技術突然讓它成真了。是的，外頭喊了半天的大數據，看似沒有新東西，它卻「新」在一些你意想不到的地方。因此我們得再談談與大數據密切相關，卻早已行之有年的「資料探勘」技術。

什麼是資料探勘？

從資料裡挖掘資訊的過程

對於沒有資訊背景的人來說，「資料」與「資訊」的分野常常令人困惑。坊間許許多多的課本都會嚴肅地做出一堆定義性的解釋。但我會想要很直接的這麼說：如果我在紙上寫下0928280356這個數字，它就是一筆「資料」，我想就算完全沒有資訊背景的人都會聽過「資料庫」這個名詞，到底什麼是資料庫？其實你的隨便一個excel表單都可以說是一個「格式還不夠嚴謹，但是具體而微的資料庫」，就因為裡頭儲存了大量的資料，就像我剛剛隨口舉例的0928280356一樣，它可能靜靜地躺在資料庫裡的某個角落。最多，敏感一點點的人會猜測它是某個人的手機號碼。

可是如果我說，它是林志玲的電話號碼的話，想必有很多男性同胞眼睛一亮！（但當然不是，請千萬別當真，如果有人真的在使用這個門號而收到騷擾電話的話，筆者對您感到萬分抱歉），所以「產生意義的資料」就叫作「資訊」。

資訊的定義就更廣闊了，它更不限於單筆的資料，而有可能是「一堆資料的集合」。我們再舉一個例子好了，警察辦案的時候常常會調閱所謂的「電話通聯記錄」，曾經有一個公眾人物做了一件「會損害他形象的事」（但他可能不認為這是虧心事就是了），有趣的是他為了防止自己的通聯記錄被追蹤，因此他在撥出「不想被追蹤的電話」的時候，他換了一張SIM卡——換言之，他懂得要準備一個「幹壞事專用門號」。可惜的是，他不知道所謂的「電話通聯記錄」會連

你的手機識別碼一起記錄（要講得更精確的話，它還記錄了你的發話地點，因為你的手機一定透過離你最近的基地台在發話，也許這就是「跑得了和尚跑不了廟」？），手機上頭有個像是汽車引擎號碼的東西，所以贓車就算重新殺肉拼裝，只要看了引擎號碼還是會破案。手機的原理亦同，事實上手機失竊的案子是非常好破的，如果犯罪者誤以為把它的 SIM 卡換掉就可以將手機據為己有的話，當他下次用這隻電話打出去而且失主已經報案的情況下，警察就會找上門。

再回到這號人物，雖然他在法庭上對自己的做為否定到底，可是法官判定他「確實做了某件事」的依據是兩筆通聯記錄，這兩筆通聯記錄由不同的電話門號所發送，可是背後的手機卻是同一隻，雖然我們知道「電話」是不記名的，但是 SIM 卡確實登記在某個特定的名字之下，而憑著這隻電話曾經以「這位公眾人物的 SIM 卡」發話，並且在短期內交互地使用兩張不同的 SIM 卡，法官斷定那張「確定被犯人使用的謎之 SIM 卡」的真正主人的確是這位公眾人物。

講了以上這個落落長的「名偵探柯南故事」，其實我只是想說：那兩筆「通聯記錄」就是「資料」，而「這兩筆看似無關的通聯記錄是某個公眾人物做了有損形象的事情的鐵證」則是一則「資訊」，但是聰明的讀者應該立刻發現了：從資料產生資訊的過程簡直如同大海撈針！就像警察調查犯罪證據一樣，「資料」的數量往往太過驚人，而「資訊」的格式及定義太過特殊。

當我們存在某種資訊上的需求的時候，如何從資料裡頭找出我們

想要的東西？（以上面的故事為例，至少我們想要在為數驚人的「通聯記錄」當中找出「其實是同一個人打出的電話」，以作為偵辦犯罪的證據。）於是我們終於可以進入我們的主題了——資料探勘。資料探勘（Data Mining），也有人稱作「資料探礦」，事實上「探礦」這個譯法更加傳神，因為有意義的「資訊」就像珍貴礦石一樣埋藏在散亂的「資料」當中。我們在剛剛的段落已經提到，「資訊」是「有意義的資料」。

從尿布與啤酒，
再到王八機與杜鵑卡

　　資料探勘最為人所熟知的一個經典例子，叫作「尿布與啤酒」，大意是說，進入電子時代了以後，賣場的盤點變得輕鬆許多，因為每一筆消費都留有電子記錄，但是賣場的經理意外發現：有非常多的消費者在買了尿布的同時也購買了啤酒，這看起來是非常匪夷所思的事情，如果買了啤酒同時買了開瓶器，或是買了啤酒同時買了下酒菜就顯得非常容易理解。但是管它好不好理解！對於需要營利的賣場而言，他們已經需要把它反應到銷售策略上來大賺一票，因此他們就掛出了一個令常人無法理解的告示：「尿布啤酒一起買，再享優惠九折」，雖然連賣場的經理都沒有辦法理解為什麼這樣會比較好賣，但是「在正確的商品上作搭配促銷」的確讓賣場賺進了大把鈔票。

　　商場不用「急著」知道為什麼，而更重要的是要在想通「為什麼」之前知道「怎麼做」。尿布與啤酒的潛在關聯性就是被資料探勘技術給發掘出來的，直到後來有學者去調查這件事的前因後果，才大致發現了它背後所潛藏的「文化」：這些同時購買尿布和啤酒的常常是新手爸媽，因為他們週末要顧小孩的緣故，沒有辦法出門踏青或是聚餐，只能宅在家裡看球賽，而啤酒是用來配球賽而不是用來配尿布的，但是尿布指向了小孩，小孩限制了父母的週末休閒活動，因此才間接反應到啤酒上頭。

　　這樣的關係很妙吧？尿布與啤酒之間的潛在關係發掘，在資料

探勘的領域裡頭叫作「關聯性分析」，但它卻不是唯一的一種資料探勘手段，比方說我們在上一個故事「自動分類：胖瘦，愛情，與人生」才講到的「自動分類」，以及在「別再批評別人感情用事了，你知道情感是比智慧更高尚的東西嗎？」裡頭所提到的「決策樹」，甚至雖然在「先別急著成立反抗軍，你知道打敗棋王的超級電腦還離天網很遠嗎？──淺談知識工程」這個章節裡被我隱藏起來的細節：打敗世界棋王的 AlphaGo，其所使用的演算法是以「類神經網路」為本，這些全部都是資料探勘常用的模式及方法。

而資料探勘可以應用的有趣例子實在太多了，除了「尿布與啤酒」以外，它還有一個很經典的案例是用在處理信用卡詐騙之上。早期的大哥大手機剛剛普及的時候，大家也許聽過一個很不堪的名詞，叫作「王八機」，這個名字雖然取得非常難登大雅之堂，卻傳神至極，所謂王八機就是「你打電話別人付帳」（影射「你生小孩別人養」）的概念，而站在付帳者的角度，他養了別人的孩子（帳單）卻渾然無所覺。

王八機是怎麼做到的呢？雖然沒有深入研究，但我會猜它是非法複製了一張和真正的門號持有者完全相同的 SIM 卡，只是這種情況下你只能撥打卻不能接聽，否則你的犯罪行為就會被發現。而信用卡的盜刷則就更猖獗了，為什麼？在現代這種電子商務時代，信用卡變成了網購的必備工具，但在這種情況下犯罪者根本不需要大費周章地複製你的信用卡，他只要能完全掌握你的信用卡號碼及個資就好，泰半的信用卡網站都是「認卡不認人」的。（相較於「王八機」，我會想

要替信用卡偽卡取一個文雅一點的專有名詞，叫作「杜鵑卡」，杜鵑鳥被公認是一種行徑惡劣的鳥，因為牠會在別的鳥巢裡下蛋以調包原本的鳥蛋，於是別的鳥爸鳥媽就渾然無所覺地把牠的孩子當成自己的養大。）

　　這雖然不是鼓吹犯罪，但是我們卻必須「模擬」一下，如果你的手上有一張所謂的「杜鵑卡」，你會怎麼使用它？我相信絕對沒有人會拿它去網購買任何貴的東西，因為信用卡的真正持有人只要發現自己的信用卡突然被刷爆了，他立刻會警覺到自己的卡被盜用，因此上門的不會是送貨員而會是警察。相較之下，在現代這種忙碌的工商業社會，許許多多的信用卡持有者檢視自己的帳單時候常常不會逐項確認明細（因為甚至有可能他自己都記不得，或者是，我們來講一個成年人的秘密：如果一個成年人有用信用卡購買了任何「不好意思讓人知道的商品」的話，線上商家通常都會很貼心地跟你強調及保證「信用卡帳單上絕對不會出現任何不雅字眼」，於是「你的帳單上會出現陌生的消費項目但是你卻心知肚明那是什麼」，這是有可能會發生的事。只是一旦有這種消費習慣的成年人，他也會對「陌生的消費記錄」失去戒心，因此也成了偽卡集團可鑽的漏洞），而只會看看總金額是否合理。

　　於是，所謂「杜鵑卡」的持有者，很有可能會做一些微不足道或極不起眼的小額消費（甚至現在許多信用卡是「小額消費免簽名」，則盜卡者更可能明目張膽地拿著偽卡去使用），或是將它綁定在一些無法追查來源的付費網站訂閱上頭，換言之，「盜刷信用卡」的「安全

模式」常常是有跡可循的。在早些年代，發卡銀行每天會面臨數以萬計的消費記錄，通常發卡銀行會要求持卡人「自主警覺」，也就是當你將卡片掛失的時候，銀行願意吸收某一個時段（比方說：你掛失時間點起算的的24小時以前）之內被盜刷的金額，通常這是透過「保險」處理掉的。（那是最早的年代，但自從「手機」開始普及了以後，銀行則通常能夠做到「善意確認」，也就是你刷了大筆金額的時候打通電話問你是不是真的有這筆消費）

可是隨著資料探勘技術的發達，發卡銀行變成也可以「協助警覺」，因為他們可以從數以萬計的消費記錄當中先過濾出「可疑」的消費記錄。

我剛才提到，發卡銀行在持卡者作巨額消費時會來電確認，甚至現在的信用卡消費確認電話進步到什麼程度呢？你會發現它是電腦語音打來的，但你只要跟他講「是」或「不是」，它會辨識你的回答（怎麼做到的，請參見你的Siri真的聽得懂你的話嗎？——自然語言處理的奧妙一章）。這麼說來的話，銀行人手不足的問題好像得到解決，可是站在消費者的角度，如果連小額消費銀行都要打電話問你的話，你一定覺得煩都煩死了。所以發卡銀行不論能不能將消費行為確認這樣的動作交給機器人來做，他們都還是只會針對「可疑」的消費記錄才向持卡者電話確認。

到底什麼樣才算大數據？
只是資料的「解析度」問題而已！

　　講完資料探勘之後，也許讀者們還是一頭霧水：如果資料探勘這樣的技術已經存在許久的話，大數據又為它翻出了什麼新意？所以我們必須回到資訊科技的進步上頭，明瞭一下大數據是怎麼演化出來的？舉個最簡單的例子，「數位相機」大概是在二十一世紀初開始「商業普及」的一項發明。其實它的「原型」大概在早二、三十年的時候就已經做出來了，但是它有這樣的優勢，為什麼會沒有辦法取代傳統底片呢？

　　筆者開始對「數位相機」這種產品有印象，是因為公元2000年前後是一個「摩爾定律」瘋狂爆炸也帶動資訊瘋狂演進的時代。那個時候開始流行網際網路與個人網站，筆者當時學習了最初階的HTML語法，也開始學習製作網頁。但讓筆者印象深刻的是：當時我只是想要上傳幾張照片到網站上作分享，卻發現我必須要先認識家中有「掃瞄器」的朋友才能實現這個心願！結果筆者的兄長當時正好就讀醫學系，他幫我借了更「騷包」的東西回家來——那就是剛開始普及卻屬於貴族享受（於是也只有醫學系的學生會有經濟能力以學生的身份消費這種電子產品！）的「數位相機」。

　　我大概記得這個樣子的規格形容方式：要洗4x6的照片至少需要200萬畫素的原始檔案。但是那個時候200萬畫素的數位相機售價高達八萬元，比一輛摩托車還要貴（便宜的摩托車則將近可以買兩輛！）。如果把八萬元（而且不計通貨膨脹）拿到十五六年以後的現

在，你可以購買的已經是高達4000萬畫素的旗艦級機種「全片幅數位單眼相機」。至於當年一台要價八萬元的200萬畫素數位相機跌價到什麼程度了呢？別鬧了，你買不到那種古董的，如果你走進任何一家3C產品店拿出兩千塊錢說那是你的全部預算，你要買「最便宜的數位相機」，你大概也至少會得到一台1000萬畫素的陽春機種。

雖然，「畫素」並不代表「畫質」（要認真講這個的話可以寫出另一篇文章，就別岔題好了）但是「高畫素」代表的是什麼意義呢？就是代表你的照片「有潛力」放得愈大，而且照片裡頭所攜帶的「資訊」愈豐富。這什麼意思呢？比方說我們來看一張很美麗的夜景照片（對不起，讓筆者老王賣瓜一下，這是我拍的，不過也正因為是我拍的，所以使用上才不會有版權問題）：

這是位在新北市新莊地區的「新月橋」。這張照片的主題是新月橋美麗獨特的造型，還有打在上頭五彩繽紛的人造燈光，再加上它在池塘當中的寧靜倒影…我想任何一個人欣賞這個構圖的角度都會是如此吧。

　　但是，這張照片（原圖為彩色）是以2400萬畫素的感光元件所拍下，我在前文已經聊過，只要200萬畫素的解析度就「足夠」可以洗4X6的照片了，2400萬可是200萬的12倍大喔，我們粗略地概算一下，它相當於200萬畫素相片的長與寬各放大3.5倍（12的平方根是3.46）！這是十五年過去以後的資訊演進速度。那麼你可以想像二十年後的同一張相片裡會帶有什麼樣的「資訊」嗎？

　　如果是我的話，我會調皮地跟你「預測」說：看到河岸對面有一排高樓大廈沒有？你最好不要剛好獨居在那排華廈當中，而且上廁所發現衛生紙用完的時候光著屁股悻悻然地走過沒拉窗簾的落地窗前去拿補充包，因為你這樣無心的行為很有可能已經意外地牢牢烙在這張相片當中，而且把這張照片放大之後還看得清楚你「上廁所發現沒衛生紙然後光著屁股去補充民生用品」的臭臉。是的，這張相片在螢幕上看起來它還是沒有什麼不同，可是它將可以接受「顯微鏡等級」的放大檢視，因此世界上的一切將會因為你我不經意的數位生活而無所遁形，從此以後大家可真的要因為科技造就「全民當狗仔」而「君子必慎其獨」了。

　　其實上頭的這個故事關乎一個你一定聽過的專有名詞，叫作「解

析度」。從數位影像的例子來看，很明顯地，解析度愈高的影像可以帶有愈多「資訊」，可是極高的解析度卻到底是不是必要的呢？就如那張新月橋的原始照片檔案，在未經任何壓縮的狀況下，2400萬畫素的一張相片檔案（專業術語稱作「RAW檔」）約為24MB。如果你要讓這張照片的解析度高到「足以讓對岸大廈裡頭一個光著屁股走過客廳拿衛生紙的人的五官都還清晰可辨」的話，也許這樣一張照片的原始容量會需要擴充到2.4GB都還不一定夠用。

所以，一個很直覺的問題便來了：對於只是單純想要欣賞新月橋美麗倒影的攝影家來說，這會是「必要」的嗎？這樣的照片沒幾張就把硬碟塞爆啦。可是換個角度來看，如果這不是一個攝影家所使用的數位相機，而是一台街頭隨處可見的CCTV監視器的話，解析度的意義就增加很多了！比方說，提升了解析度以後，它可能有辦法捕捉到河的對岸有一輛酒駕肇事逃逸的汽車，而且還讓車牌清晰可辨。

至此，我們終於說到了「大數據」的精髓了：我們不妨先倒回去想想，統計學裡的抽樣是怎麼來的？為什麼我們拼命地想要找出公平可信的取樣方法，來代替全面性的資料？很簡單，因為在從前的世界，「普查」是件非常難搞的事。除了「取得資料」所要付出的代價以外，你接下來還要面對的是「處理資料」的龐大代價。如果用筆算的話，計算十個人的平均成績和一百個人的平均成績就能夠讓你明顯地感覺出身心負擔的差異。因此如果可以只計算十個人的平均成績卻能有效代表一百個人的平均成績的話，才應該會是「人」想要追求的效果和應該要發展的技術。但進入資訊時代了以後當然又相當不同了。

取得資料變容易：
從我自作多情的美麗誤會談起

　　記得很久很久以前，學校附近的某間7-11來了個正妹店員，而且每次我跟她結帳買東西的時候她真的都會「抬頭瞄我一眼」，那個「電眼妹」曾經讓我有一陣子一定要多走幾步路到她值班的店裡去買東西。可惜後來在我還沒辦法下定決心要找她攀談之前她就調走了。

　　然而很多年以後，我在修一門財務管理課後才知道那「殘酷的真相」：那個「瞄你一眼」的動作是因為她在偷偷輸入你的年齡層和性別。因為你消費的物品都已經被用條碼記錄得一清二楚，只是你這個「人」身上並沒有條碼可刷，所以她得要手動輸入。但是說白了她在順便做市場調查啦。

　　各位知不知道一般便利商店的市場調查結果應用可以精確到什麼程度呢？如果你注意看一下，各種商品的「進貨數量」或是上架擺設的「顯眼位置」都是有經過調整的。比方說筆者非常喜歡吃7-11的一種「巧克力派司」麵包，但是我卻發現我家附近的7-11每天巧克力派司就是只會進兩條，而且我和另一位「彼此互不相識的同好」每天的宵夜時段正好就把它們拿光了。可是對照起來，別家的7-11未必是以這個進貨量在陳設商品的，甚至你可能會發現某一個口味的泡麵在這家買得到，那家卻買不到，平平都是7-11，怎麼會有這樣的差距差生呢？我會說，這就是資料探勘的成果展現。

　　而且，隨著時代演進，「要做市調」這件事情變得愈來愈容易，

也愈來愈普及，更是愈來愈精確。你一定也有在網路商城買東西的經驗吧？筆者在美國作研究的時候，亞馬遜（amazon）就已是非常主流的購物平台（甚至應該說在美國那種地廣人稀的地方，沒有amazon是活不下去的。）我們剛剛提到，一個超商的店員為了要讓結帳的流程可以順利進行，他最多能夠蒐集你的年齡和性別這種非常外顯而一目了然的資訊。可是你加入了任何的網購平台，你的會員資料牽扯得可多了呢，要做年齡性別的分析變得易如反掌，還可以再加入你的地域、喜好、過往消費記錄…等等，就像博客來網路書城會推薦「你可能感興趣的書」，是因為它擁有「你過去的消費記錄」，以及「和你條件類似的客戶」的消費記錄。

而我們再看一個例子，在從前電視只有無線三台的時代，我們一定得透過電話來進行「收視率調查」。可是現在進入了所謂數位電視的時代以後，如果，我在你家裡的數位機上盒動點手腳，讓它「隨時向有線電視業者回報你正在收看哪一台」的話，我想收視率調查員不但立刻要失業，而且這個樣子的收視率「普查」絕對比起「抽樣調查」要更加的可信。這是「資料取得變容易」的案例。

處理資料變困難？
Map and Reduce 將它化約為投票開票的問題

　　我們知道「有一好必有一壞」，資料的大量湧入所導致的結果一定就是處理困難。那麼，「資料處理變困難」的案例在哪裡呢？那就又更容易解釋了。我們已經在「只要學過高中數學就可以一窺搜尋引擎稱霸網路世界的奧祕？──淺談資訊檢索」這個章節當中談到搜尋引擎是怎麼運作的，原理好像簡單，但是我們卻沒有提及它在「技術上」的難度。首先，我們先把「索引」這個概念叫出來，我們提到像 google 這樣的搜尋引擎為什麼對於使用者提出的要求都找得又快又準，因為它就像百科全書一樣，擁有一個叫作「索引」的東西，它記載了哪個字詞曾經在哪一頁出現過。google 搜尋引擎裡頭有一個非常非常龐大的索引，也就是我們假設將「全世界的所有網頁」當作一本巨大的百科全書，那我們必須要統計出裡頭有哪一些詞彙，而且這些詞彙各自出現在哪些網址當中。但是不需要把它想得太難，它可以被記錄成一張巨大的表，就像下面這樣……。

	詞彙1	詞彙2	詞彙3	詞彙4	……	詞彙5000
網頁1	0	0	0	0	……	2
網頁2	0	0	0	3	……	0
網頁3	3	0	4	0	……	0
網頁4	0	1	0	0	……	1
……	……	……	……	……		……
網頁N	0	0	0	0	……	1
總計	659954	28355	172635	568256	154233	658403

我們先來針對這個表做一些有趣的觀察。首先，表內的數字是有意義的。我們提到百科全書的索引只需要去關心「哪個詞彙出現在哪幾頁」，但我們提過，我們還關心哪個詞彙在哪個網頁「出現了幾次」，這就是詞頻的概念，我們得用它來做相似度運算。所以表中的空格代表的是「某個詞彙在某個網頁出現的次數」，但你可以輕易地想像得到：裡面有非常多空格會是零，為什麼？

首先我們先觀察，這張表的「行數」代表的是「世界上所有的網頁裡出現過的詞彙數量」──這麼說實在很繞口，我們應該換一個角度來想：它應該會貼近一整本字典所收錄的總字數。為什麼？你可以想像成：不管多冷僻的用語，這世界上一定有人曾經提到過，否則它就不會被收錄在字典當中。好吧，那我們提過一本英文字典大概收錄了五萬個英文單字，所以這個表格的行數是五萬行。這已經有點難想像了吧？你想想一個五萬行的表格要用多少張A4紙拼接在一起才能夠表達得出來。然後我們就能解答為什麼很多空格是零，因為我們提到這個表格當中的一列代表了一個單獨的網頁。通常一個網頁很可能只有幾百個字詞，它當然遠少於五萬這個數字，於是我們「推理」得出來這樣一個表格裡有非常多「無用的空格」，但這是一種必要之惡。為什麼？我們很快就要講了。

但是重點是看完了「行」以後，這還不是這個表格最「恐怖」的部份喔！我們接下來看列。在這個表格中我們只提到了「網頁N」，你有概念這個N值是多少嗎？要看這個世界上「有多少個獨立的網頁」呀！至少那是一個必須以「億」甚至是「兆」為數量級的數字，而且更

可怕的是全球的網頁的數量是不停地往上成長的。所以我們說到最可怕的部份了，這樣一個極龐大的表格，是需要每天做更新的。如果它多出了一行，那表示這世界上多了一個流行用語（比方說筆者正在寫這本書的時候，突然冒出了「藍瘦，香菇」或是「PPAP」這樣的流行詞彙…）。而如果它多出了一列，那表示這世界上多出了一個網頁。以及，最麻煩最麻煩的一件事情請看到這張表的最後一列：我們需要有一個「總計」的欄位，求得每一行所有數字的「和」。

　　我一直強調電腦比人優秀的地方在於執行「你會覺得想要摔筆的超現實計算（比方說五萬維度向量的內積）」，電腦可以在你抱怨完之前把答案算給你，可是這樣的一張表，我會說連電腦都要抱怨這個計算數量實在太超現實了喔！當然，電腦不會真的抱怨，它只會反應在計算時間上頭向你發出無言的抗議。但是這有沒有辦法解決呢？

　　那當然，因為連人都能夠解決這件事了。我們剛剛提到了「五萬維度的向量內積」，對吧？但是向量內積是一個很單純而且重複性的操作，原則上就是：「把兩個向量的每個分量乘起來然後全部加在一起」。所以我們可以想像它要做五萬個乘法和五萬個（精確的說是四萬九千九百九十九個）加法，如果要你一個人算的話，你一定會摔筆罵髒話。可是，假設我有五千個人呢？我可不可以「分配」每個人先做十個維度的內積（亦即每個人做十個乘法和九個加法），最後我「蒐集」所有人的內積純量，把它們相加起來。那我就只需要做五千個加法。雖然五千個加法對「人」來講仍然是超現實，但你該想想你本來需要做五萬個加法呢！至少你的工作量減為原本的十分之一，對

吧？或者是，我們乾脆再找一百個人來，把五千個加法分給五百個人做，一個人做五十個加法不過份吧？最後「統整」的那個人了不起也只是要做一百個加法。這就是人力可以接受的工作量了。

上面這個簡單的概念只是在說：我們可以把重複及雷同的運算拆解給不同的人負責，然後再把結果「統整」起來。那我們就再一次用上面的那個表做例子，結果就如……

【表1】

	詞彙1	詞彙2	詞彙3	詞彙4	……	詞彙5000
網頁1	0	0	0	0	……	2
網頁2	0	0	0	3	……	0
……	……	……	……	……	……	……
網頁100	0	0	0	0	……	1
小計	25	0	34	0	0	37

【表2】

	詞彙1	詞彙2	詞彙3	詞彙4	……	詞彙5000
網頁101	0	0	0	0	……	2
網頁102	0	0	0	3	……	0
……	……	……	……	……	……	……
網頁200	0	0	0	0	……	0
小計	7	0	8	99	0	18

你看出端倪了嗎？因為這個表的「所有欄位」都長得一模一樣，只是它的列數太過驚人（比方說一億列），那我們可不可以把這張表「拆」成一千或是一萬個規模小一點的表，交給一千或是一萬台電腦

網頁\詞彙	1	2	3	4	...	5000
1	?	?	?	?	?	?
2	?	?	?	?	?	?
3	?	?	?	?	?	?
4	?	?	?	?	?	?
...	?	?	?	?	?	?
N	?	?	?	?	?	?
總計	?	?	?	?	?	?

伺服器

網頁\詞彙	1	2	3	4	...	5000
1	0	0	0	0	...	2
2	0	0	0	3	...	0
...	...	...	...	...	...	...
100	0	0	0	0	...	0
總計	25	0	34	13	0	44

伺服器

網頁\詞彙	1	2	3	4	...	5000
101	0	0	0	0	...	2
102	0	0	0	3	...	0
...	...	...	...	...	...	...
200	0	0	0	0	...	0
總計	25	0	34	21	0	9

伺服器

網頁\詞彙	1	2	3	4	...	5000
201	0	0	0	0	...	2
202	0	0	0	3	...	0
...	...	...	...	...	...	...
300	0	0	0	0	...	0
總計	25	0	34	12	0	55

網頁\詞彙	1	2	3	4	...	50000
1	0	0	0	0	...	2
2	0	0	0	3	...	0
3	3	0	4	0	...	0
4	0	1	0	0	...	1
...	...	...	...	...	...	...
N	0	0	0	0	...	0
總計	659954	28355	172635	568656	154233	658403

同時做？更重要的是，原本我們最頭痛的「總計」那個欄位，就是所有這些表的「小計」加起來的總合！

　　你也許會更敏銳的發現：我囉嗦了這麼一長串到底是在廢話什麼？——其實在我們日常生活當中，明明就有一件再單純不過的事情能夠完全的對應這個冗長的比喻！而且那是只要滿二十歲的成年人就可能親身經歷並可以了解的事情⋯⋯別想歪了，我是指「選舉的開票模式」。對啊，看看我們的總統大選或是立委選舉，全國每一個角落的選票不都長的一樣嗎？然後我們不同的地方用完全相同的表格去記錄不同候選人的得票數。最後把這些不同區域的得票數「匯整」成每個候選人總共的得票數，就可以確定是誰勝選了。

帝國市第八屆維達大臣選舉 死星區原力里開票統計	號次	①	②	③	④	無效票
	候選人姓名	金安納	蘇洛寒	阿塗·迪土	尤達	
	得票數	29	21	8	15	26
	計票	正正正正正下	正正正正一	正下	正正正	正正正正正一

我們似乎因此可以稱作它叫「投票——開票模式」，但是在大數據的世界，它有一個專有名詞稱為「映射——歸納」（Map & Reduce）模型 [26]。它的核心精神就是把一個「數量巨大但是單調的問題」拆解開來給很多台電腦去做，最後再把結果統計起來。而大家在那邊夯了半天的大數據「在技術上就只是這麼回事而已」。

　　你也許會問：就這麼簡單？那我會回答你：不要懷疑，真的就只有這麼簡單，或者我們整理一下剛剛到現在所講的幾個重點：

1. 舊問題裡找新答案：大數據企圖要解決的問題從來就不是新的問題（比方說資料探勘，老早就已經有人在做了）

2. 資料取得變容易：但是隨著人們能夠取得更高精度的資料，原本舊的問題可以得到新的答案（這就是前面提及的「收視率問題」，很多資料蒐集，我們不用再仰賴統計抽樣，而可以做全民普查，能夠普查之後，抽樣的盲點與限制就會不復存在）

3. 資料處理變容易：只是，我們最後缺了一塊最重要的拼圖：就是處理高精度及大量資料的「技術能力」，但是上頭所提及的「投開票模型」，也就是Map&Reduce模型終於踢破了技術難度上的臨門一腳，而使得大數據分析的夢想全面成真！

　　其實，「把一個計算量極龐大但是本質極單純的問題切給許多電腦分頭擊破再做統合」也根本不是新的概念，我們稱它做平行運算。就像我們現在常常說電腦是二核心還是四核心還是八核心是一樣的。

但是在從前的時代，要將專業的電腦組合成叢集是一件不容易的事，不僅設備貴而且技術門檻也高。自從Map&Reduce這個概念被用Hadoop包裝成平民化的產品之後，它至少「親民」了許多，對於電腦功力高段一點的人可以把自家的幾台廉價電腦甚至是「樹莓派」（低價的陽春電腦開發板）串接起來，成為可以執行處理大數據的利器。（話雖如此，筆者還是忍不住要抱怨，Hadoop仍然存在非常高的進入障礙，市面上有關於Hadoop的電腦書已經滿坑滿谷，筆者卻已經經歷過至少三次失敗的嘗試，而不曾成功地自己架設起Hadoop的Map&Reduce系統架構，它並不像一般的電腦軟體一樣「只要照著書上所說的一步一步進行，就可以得到書上保證的示範成果」，我所認識的「能夠自己成功佈署Hadoop」的朋友其實都是宅度不低的資訊鬼才）

你知道臉書可能拿你的個資
去幹了什麼嗎？

資訊安全與大數據的兩難

　　我們在前面的段落大概已經得到了這樣的結論：最常被人們談論到的「大數據」通常是指資料探勘與高解析度資料的結合體。只是，大數據為我們的人生帶來什麼？是不是都是我們所要的東西？這可就耐人尋味了。大數據的「倫理」問題早就已經成了看似有趣卻也重大的議題，比方說我們可不可以用大數據發掘這個世界上哪些人「看起來最有犯罪的可能」，然後在這些人根本沒有犯罪記錄的前提下就先對他們展開嚴密的監控？[25] 不談這些還沒有發生的超現實議題，也許我們看向我們每天使用的臉書（facebook）就好。臉書由於使用者眾多，再加上背後的演算法精確，它的資料探勘分析結果只能用「神準」來形容，而且很多時刻我發現它並不是某個概念的原創者，卻是成績最好的實踐者。打個比方吧，早期還有微軟的 MSN 及 livespace 部落格服務的時候，livespace 上頭就有「以友尋友」這樣的功能，亦即系統從你的人際關係圈子裡推薦「你也有可能認識的人」給你當好友。可是，每每讓我找回失聯十年以上的故舊的卻不是微軟的 livespace，而是臉書。

　　而臉書背後更有許多令我驚奇不已的分析成果，展現在一些貼心的細節上頭，比方說，我曾經發現臉書三兩下就算出我欣賞的女孩子然後把它放在我朋友名單的第一名（但幸好只有以我帳號登入時才看得到這樣的排序），雖然我很快就被發好人卡了，而且這樣的故事還重複不只一次（不過我有非常多的朋友不承認臉書有這樣的動作，因為這件事對他們而言並沒有再現性，也許是我的某些操作行為能夠讓

我特別有好感的朋友在好友清單裡得到特別優先的排序。但如果這件事情是真的話，我想它應該也是個商業機密），但我還是很感謝這個平台這樣取悅我，賞心悅目，當然要多多愛用。但這也讓我想起，成語「雞肋」之典故源自三國時代，曹操是個愛才卻又嫉才的矛盾梟雄。有天他以「雞肋」當成軍營守夜的暗號，他的主簿楊修一聽，就要部下們行囊收收準備撤軍，因為他聽懂了「雞肋」代表「食之無味，棄之可惜」，亦即他的主子不想要再打眼前的爛仗。但楊修卻因此惹上殺身之禍，曹操表面上以他蠱惑軍心為由把他斬了，事實上卻是擔憂他聰明絕頂，對君心瞭若指掌，終將成為心腹大患，不能等到肚子裡的蛔蟲變成異形才動手…（現在的高中國文課本不知還有沒有保留「我才不及卿，乃覺三十里」這一課，也是在說曹操與楊修的故事）

而，「臉書楊修化」正是筆者這幾年所觀察到的重大議題，馬克・祖克伯雖然因為老婆的緣故而熱愛華人文化，但他或許沒有讀過楊修的故事，以資訊管理的角度來說，資料、資訊、知識到智慧代表了四個不同的資訊層級。我喜歡這樣比喻：知道某某人的喜好，這是一種「知識」，但是要不要講出來，就要靠「智慧」。我的確有朋友是因為覺得臉書實在太聰明所以最後決定不用以免幹壞事行跡敗露。至於我呢？因為我的研究領域牽涉機器學習，我知道我提供了「豐富的訓練樣本」讓臉書比對了以後，它背後的演算法就會愈來愈精準。至少，我現在樂見臉書愈來愈聰明，等到曹操需要斬楊修的那天真的來臨，再說吧。大數據萬歲，我慶幸我活在一個瘋狂的科技年代。

只屬於我的《報任少卿書》

「什麼！？你要改寫科普書籍？這件事本身簡直比你過去所寫的小說還要戲劇化！」

當我身邊的朋友聽到我要寫這本書的時候，我聽到了這樣的回應。

人總是被機運與因緣給推著走的，就如同我已經遺忘了「創作」這個夢想很久很久以後的今天，竟然意地外完成了這一本書。但嚴格來講我的確不是在「創作」，而是步步為營地把嚴肅的知識用頑皮的方法包裝起來。雖然在這個過程中我始終樂在其中，但卻常常無法切換身份，因為過去的我曾經是未出道的創作者，可是後來有更長的時間，我在學術界閉關，做的仍是寫作，可是學術寫作與小說創作是完全南轅北轍的思維。我喜歡這樣比喻：創作的熱情就像躲在心底的一個奔放頑童，而從事學術寫作的我則像隻怕事膽怯的驚弓之鳥，在步步為營的爬格子任務上但求字字無過，因此這兩個擁有巨大反差的角色近乎在我的心底要為了這本書互毆起來（頑童總在想要盡情揮灑的時候，聽到驚弓之鳥的掣肘說：「喂，你確定你真的可以這樣寫嗎？」），我卻非常明白唯有這兩個我（也許更精確地說，是感性的右腦與理性的左腦）通力合作，才能走到如今這則後記，為這本書作一

個完結。

最重要的是，我覺得這會是一本有「保存期限」的書，就像市面上滿坑滿谷的電腦書籍一般，電腦軟體就像汽車一樣每年都作改款，過了十年之後也許你要把同款卻不同世代的兩輛車拆解到引擎或是懸吊系統都露出來才能夠發現兩者的脈絡關聯。而資訊界更服膺著所謂的「摩爾定律」，朝著我們未知的無限可能狂飆著。甚至，對於一個極具爭議性的話題，我在書名當中反應了我「目前」的立場，去預測魔鬼終結者和駭客任務的驚悚情節究竟會不會成真，但這世界瞬息萬變，也許短期內披露的更多技術會使我改變我對這個議題的立場。（比方說，我們常會戲稱某些科技大廠或是世界強國背後有「外星科技」支持，但他們當然不會急著揭露自己的商業機密或是競爭優勢，而他們也許正用不屑的笑容檢視著這個議題，因為他們所知道的遠遠超越這個世間的普遍認知）但我想本書並不會過期的陳述是希望各位有緣的讀者能夠透過解體的黑箱來欣賞「資訊之美」，而資訊之美來自人類的智慧與文化嘔心瀝血的結晶。

這本書的完成真的要感謝非常多人。首先當然是我的父母親，因為我生長在「科學書香門第」（爸爸媽媽都是中學理科教師），所有人都讀過牛頓被蘋果打到而意識到萬有引力的故事，不管它是不是段稗官野史，重要的是一般人的反應一定是「管它的，先吃再講」。我常

常假想著如果有一天我也被蘋果打到的景況，我勢必如凡夫俗子般地急著把它吃掉，更有甚者是幼稚地想踢蘋果樹兩腳出氣，但是我的家庭教育卻提醒著我要思考，因此我仍會花一點點心思邊啃著蘋果邊踢蘋果樹又邊好奇蘋果為什麼會掉下來，於是也當然促使了明明愛寫文章的我最後卻選擇了理工科系。

　　而能夠成就這本書，最重要的要感謝我在漫長的學術歷程當中最關鍵的「棲身之處」，也就是臺大土木系的電腦輔助工程組，精確地說來，當我還是「業餘文字創作者」的十餘年前，我還不具備寫出這本書的背景知識。但在這耳濡目染的學術歷程當中，我在許多教育者的循循善誘與寬容體諒之中得以小成，首先當然要感謝我自碩士班起，再到博士班在學期間及博士後研究階段的三位指導教授：依序為臺灣大學土木系的曾惠斌老師，謝尚賢老師，以及西雅圖華盛頓大學營建管理系的林耕宇老師。因為和您們的相遇，鼓舞了我從事資訊研究的強烈動機，也因為您們的寬容，讓我擁有充滿美麗回憶的學術生涯（我問過我所有的博士級朋友，若要談起自己念博士班的歷程，大概有九成的人會說：「對不起，我先點根菸」或是「不好意思，我先倒杯酒」。）尤其要特別感謝照顧我最久的博士班指導教授謝尚賢老師，在本書成書之際亦情義相挺，為我寫下文情並茂的推薦序。我在這本書裡展現了我在電腦輔助工程組所學到的一切，希望能以這本「與普羅大眾分享」的學習心得向您的悉心教導致敬。還有鍛練我程式設計的基本功，讓我擁有能在資訊江湖闖蕩餬口的陳俊杉老師。以及相當重要的：熱情替我推薦本書，享譽產官學三界，曾任科技部部長及行政院長，如今還兼任多項要職的張善政老師，因為老師曾經在

臺大土木系的默默耕耘，使得系上擁有豐沛的資訊教育資源，於是多年之後我得以在土木系盡享資訊之美「以土木人的身份作資訊領域的研究」，那是我心底始終感念的事情。我想起我曾請領科技部公費補助到美國從事博士後研究，結案公文上頭署名的科技部長是您的名字，對我而言已是重要的珍藏，但如今拙作有了您的推薦，將會是更美麗的紀念。

　　然後要感謝以領域專業為本書內容提供意見的幾位好友：首先是我的高中死黨，在Intel擔任Soc(System on Chip) Engineer的蔡昕璋工程師。由於我對電路設計的基礎知識是為了預官考試的「計算機概論」而建立的，對於電路設計的原理與詮釋方式，因為你的協助而讓我更有信心。以及成就本書最重要的推手：也自臺大土木系畢業，後來卻在金融領域發光發熱的梁展嘉先生，我意外地在系上一場演講與展嘉學長結識（於是又要感謝我的指導教授謝尚賢老師！因為演講是謝老師邀請的），但最後承蒙學長賞識而向出版社推薦，並且不放棄地敦促我與大寫出版社之間展開對談，最後才有了這本書的誕生。但更重要的是展嘉學長亦慷慨以現有的金融專業，協助確認本書裡頭財務工程與蒙地卡羅模擬的妥當性。我當初是在碩士班修課的時候接觸到這些內容，雖非不復記憶卻也堪稱年久失修，感謝學長給予寶貴意見與協助。還有我的大學死黨：後來真正完全走上了資訊工程之路，陸續待過Yahoo, Microsoft, Amazon, Walmart, ebay，現在仍在矽谷打

遍天下無敵手的鬼才電腦工程師楊震，幫我看過了資訊檢索與自然語言處理的兩個章節。如果這本書沒有收到你私底下的猛烈砲火批判（別懷疑，強者我同學心地超好，但私底下對哥兒們講話非常直接），我會比較有勇氣將它放心交給出版社付梓。

最後也感謝師大路93巷的雙魚坊咖啡廳，我從學生時代到在社會上走跳為止，在這個環境清幽的小空間裡完成了不計其數的寫作任務，從小說創作涵蓋到學術論文。我將所有寫作的苦澀與歡欣都刻畫在這個熟悉二樓上頭。雖然如今生活步調已經比從前緊湊了，在完成這本書的「不可能的任務」過程中，我仍然很堅持要在這個我所熟悉的座位上至少寫下本書的第一句話和最後一句話（以土木工程的術語來講，就是動土典禮與上梁典禮），以及本書至少三分之一的內容。

在向本書的重要推手致謝之後，我還是不可免俗地想談談完成這本書時的激動心情。

本書利用了一個小節刻意介紹了太史公司馬遷的《報任少卿書》，我想對於任何一個無法割捨文字的作者而言，就算他的代表作不如《史記》般名垂千古，在他的心底一定有一份等同於《報任少卿書》的篇章，寫著他在這條路上的心情點滴，我當然也是如此。我在創作的經歷上是潦倒的，過去我只會把我的作品當成一個進不了家門的私生子，而在近年間，我仍是把對寫作的熱忱比喻作我的孩子，只是愈來愈悲觀。我開始覺得我無法割捨的寫作執念就像是一個有缺陷的孩子——你絕對不會因此埋怨你一生一世為這個孩子所牽絆，而只

會自責你造成了他的天生缺陷，讓這個孩子失去了追求正常人生幸福的權利。我也曾經有很長一段時間完全忘記了想要寫一本書的夢想，可是時至今日，我發現我在人生其他部份所擁有的順遂遠遠超過寫一本書，卻還是無論如何無法忘卻躲在咖啡廳的一角敲鍵盤爬格子的興奮心情之際，我感謝命運最後還是把我帶到了這裡。

這本書在雞年寫成，而我記得，上一個雞年是我在「寫作」上表現得最好的一年，因為寫作而意外在第一屆《溫世仁武俠小說百萬大賞》所贏得的那座獎盃，在十二年過去之後已經生了銅綠，名牌也脫膠翹起了邊角，但在我心底的一角，夢想依舊光亮，雖然也有那麼幾分苦澀所刻上的刀痕。我到現在還記得，突然想到一個好橋段可以套用在故事裡的興奮心情，就像在逛街的時刻看見了套漂亮童裝，會想著穿在我家孩子身上有多麼合適。是的，每本書都像作者的孩子，不論這本書最後在市面上遭到了什麼樣的命運，也許發光發熱，也或許招來罵名，但不論如何，奮力飛翔吧，在我心底，你是我生命中最難產也最美麗的天使。

紀乃文
於師大路93巷雙魚坊咖啡廳二樓

參考文獻

[1]　楊憲東（2008），《異次元空間講義：解讀靈異現象》，宇河文化出版有限公司

[2]　傅佩榮（2011），《樂天知命：傅佩榮談《易經》》，天下文化

[3]　劉君祖（2015），《易經密碼 第一輯：易經六十四卦的全方位導覽》，大塊文化

[4]　吉姆・塔克/Jim B. Tucker（2014），《驚人的孩童前世記憶：我還記得「那個我」？精神醫學家見證生死轉換的超真實兒童檔案》（張璧文譯），大寫出版

[5]　呂欽文（2015），「急著翻轉 北市府的忙與盲」，天下雜誌網站，《http://www.cw.com.tw/article/article.action?id=5067039》

[6]　Xavier（2016），「大巨蛋案僵局難解：看模擬軟體Sim Tread的爭議」，「Xavior元創主義：棒球、音樂、攝影的完美結合」部落格

[7]　台北市政府（2015），大巨蛋緊急疏散模擬動畫，youtube網站影片，《 https://www.youtube.com/watch?v=5n-K7sCCJDE》

[8]　李嗣涔（2016），《科學氣功：李嗣涔博士30年親身實證，每天10分鐘，通經絡祛百病》，三采文化

[9]　張明哲（2007），「與光子玩捉迷藏」，科學人雜誌，2007年6月號

[10]　吉姆・艾爾-卡利里及約翰喬伊・麥克法登/J. Al-Khalili and J. McFadden（2016），《解開生命之謎：運用量子生物學，揭開生命起源與真相的前衛科學》（王志宏，吳育慧及吳育碩譯），三采文化

[11]　吉兒・泰勒/ Jill Bolte Taylor（2009），《奇蹟》（楊玉齡譯），天下文化

[12]　佩德羅・多明戈斯/ Pedro Domingos（2016），《大演算：機器學習的終極演算法將如何改變我們的未來，創造新紀元的文明？》（張正苓及胡玉城譯），三采文化

[13]　謝伯讓（2016），《大腦簡史：生物經過四十億年的演化，大腦是否已經超脫自私基因的掌控？》，貓頭鷹出版社

[14] S. Russell and P. Norvig(2003), "*Artificial Intelligence: A Modern Approach*", second ed., Prentice Hall.

[15] 簡禎富及許嘉裕（2014），《資料挖礦與大數據分析》，前程文化

[16] C. D. Manning, P. Raghavan, and H. Schütze (2008), *Introduction to Information Retrieval*,Cambridge University Press.

[17] C. D. Manning, P. Raghavan, and H. Schütze（2012），《資訊檢索導論》（王斌譯），五南圖書出版有限公司

[18] 梁實秋（1990），《雅舍小品中英對照版本》（時昭瀛英譯），遠東圖書公司

[19] 中央研究院（2017），中文斷詞系統網站，《http://ckipsvr.iis.sinica.edu.tw/》

[20] C. D.Manning and H. Schütze (1999), "*Foundations of statistical natural language processing.*" Cambridge: MIT press

[21] C. Sutton and A. McCallum (2012), "An Introduction to Conditional Random Fields," *Foundation and Trends in Machine Learning.*, vol. 4, pp. 267-373.

[22] W. Karush (1939), "Minima of functions of several variables with inequalities as side constraints," Master's thesis, Dept. of Mathematics, Univ. of Chicago.

[23] H. W. Kuhn and A. W. Tucker (1951), "Nonlinear Programming," in *Proceedings of the Second Berkeley Symposium on Mathematical Statistics and Probability*, Berkeley, Calif., pp. 481-492.

[24] 陳鍾誠（2016），用十分鐘搞懂「電腦如何解方程式」，youtube網站影片，《https://www.youtube.com/watch?v=Ow8ucvw0IXs》

[25] 麥爾荀伯格，庫基耶/ Viktor Mayer-Schonberger and Kenneth Cukier（2013），《大數據》（林俊宏譯），天下文化

[26] J. Dean and S. Ghemawat (2008), "MapReduce: simplified data processing on large clusters," *Communications of the ACM*, vol. 51, pp. 107-113.

別急著成立反抗軍！

電腦帝國其實單純又可愛？8堂資訊黑箱裡的科普課

大寫出版
書系 知道的書Catch On　書號 HC0078

著　　者：紀乃文
封面及內頁設計／插圖：Fiona
行銷企畫：郭其彬、王綬晨、邱紹溢、陳雅雯、張瓊瑜、蔡瑋玲、余一霞
大寫出版：鄭俊平、沈依靜、李明瑾
發 行 人：蘇拾平
出 版 者：大寫出版Briefing Press
　　　　　台北市復興北路333號11樓之4
　　　　　電話 (02) 27182001　傳真 (02) 27181258
發　　行：大雁文化事業股份有限公司
　　　　　台北市復興北路333號11樓之4
讀者服務電郵：andbooks@andbooks.com.tw
劃撥帳號：19983379（戶名：大雁文化事業股份有限公司）
初版一刷 ◎ 2017年03月
定　　價 ◎ 320元

國家圖書館出版品預行編目 (CIP) 資料

別急著成立反抗軍！
電腦帝國其實單純又可愛？8堂資訊黑箱裡的科普課

紀乃文著 初版

臺北市：大寫出版：大雁文化發行，2017.03

224 面;15*21 公分 (知道的書 Catch On ; HC0078)

ISBN 978-986-5695-79-8(平裝)

1. 科學 2. 通俗作品

307.9　　　　　　　　　　　　　　106001194